INTERIOR DESIGN FOUNDATION

总主编　林家阳

室内设计基础

乔国玲　陈天勋　编著

中国轻工业出版社

图书在版编目（CIP）数据

室内设计基础 / 乔国玲，陈天勋编著. —北京：中国轻工业出版社，2024.6

ISBN 978-7-5184-1658-5

Ⅰ. ①室… Ⅱ. ①乔… ②陈… Ⅲ. ①室内装饰设计 Ⅳ. ①TU238.2

中国版本图书馆CIP数据核字（2017）第251261号

责任编辑：毛旭林　徐　琪

策划编辑：毛旭林　　责任终审：劳国强　　封面设计：锋尚设计

版式设计：锋尚设计　　责任校对：吴大朋　　责任监印：张　可

出版发行：中国轻工业出版社（北京鲁谷东街5号，邮编：100040）

印　　刷：艺堂印刷（天津）有限公司

经　　销：各地新华书店

版　　次：2024年6月第1版第5次印刷

开　　本：870×1140　1/16　印张：9

字　　数：210千字

书　　号：ISBN 978-7-5184-1658-5　定价：58.00元

邮购电话：010-85119873

发行电话：010-85119832　010-85119912

网　　址：http://www.chlip.com.cn

Email：club@chlip.com.cn

240811J1C105ZBW

序一
PROLOG 1

中国的艺术设计教育起步于 20 世纪 50 年代，改革开放以后，特别是 90 年代进入一个高速发展的阶段。由于学科历史短，基础弱，艺术设计的教学方法与课程体系受苏联美术教育模式与欧美国家 20 世纪初形成的课程模式影响，呈现专业划分过细，实践教学比重过低的状态，在培养学生的综合能力、实践能力、创新能力等方面出现较多问题。

随着经济和文化的大发展，社会对于艺术设计专业人才的需求量越来越大，市场对艺术设计人才教育质量的要求也越来越高。为了应对这种变化，教育部将“艺术设计”由原来的二级学科调整为“设计学”一级学科，既体现了对设计教育的重视，也是进一步促进设计教育紧密服务于国民经济发展的必要。因此，教育部高等学校设计学类专业教学指导委员会也在这方面做了很多工作，其中重要的一项就是支持教材建设工作。

2021 年是“十四五”的开局之年，在教育部全面启动普通本科院校向应用型本科院校转型工作的大背景下，由林家阳教授任总主编的这套教材，在强调应用型教育教学模式、开展实践和创新教学，整合专业教学资源、创新人才培养模式等方面做了大量的研究和探索；一改传统的“重学轻术”“重理论轻应用”的教材编写模式，以“学术兼顾”“理论为基础、应用为根本”为编写原则，从高等教育适应和服务经济新常态，助力创新创业、产业转型和国家一系列重大经济战略实施的角度和高度来拟定选题、创新体例、审定内容，可以说是近年来高等院校艺术设计专业教材建设的力度之作。

设计是一门实用艺术，检验设计教育的标准是培养出来的艺术设计专业人才是否既具备深厚的艺术造诣，实践能力，同时又有优秀的艺术创造力和想象力，这也正是本套教材出版的目的。我相信在应用型本科院校的转型过程中，本套教材能对学生奠定学科基础知识、确立专业发展方向、树立专业价值观念、提升专业实践能力产生有益的引导和切实的借鉴，帮助他们在以后的专业道路上走得更长远，为中国未来的设计教育和设计专业的发展提供新的助力。

教育部高等学校设计学类专业教学指导委员会原主任
中国艺术研究院 教授 / 博导 谭平

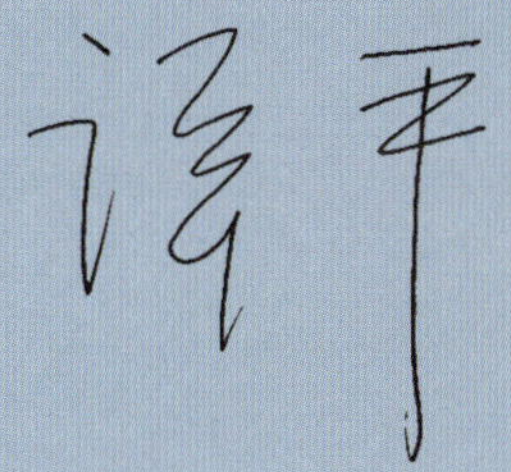

序二

PROLOG 2

办学，能否培养出有用的设计人才，能否为社会输送优秀的设计人才，取决于三个方面的因素：首先是要有先进、开放、创新的办学理念和办学思想；其二是要有一批具有崇高志向、远大理想和坚实的知识基础，并兼具毅力和决心的学子；最重要的是我们要有一大批实践经验丰富、专业阅历深厚、理论和实践并举、富有责任心的教师，只有老师有用，才能培养有用的学生。

除了以上三个因素之外，还有一点也非常关键，不可忽略的，我们还要有连接师生、连接教学的纽带——兼具知识性和实践性的课程教材。课程是学生获取知识能力的宝库，而教材既是课程教学的“魔杖”，也是理论和实践教学的“词典”。“魔杖”通过得当的方法传授知识，让获得知识的学生产生无穷的智慧，使学生成为文化创意产业的有生力量。这就要求教材本身具有创新意识。本套教材从设计理论、设计基础、视觉设计、产品设计、环境艺术、工艺美术、数字媒体和动画设计等八个方面设置的系列教材，在遵循各自专业教学规律的基础上做了不同程度的探索和创新。我们也希望在有限的纸质媒体基础上做好知识的扩充和延伸，通过本套教材中的案例欣赏、参考书目和网站资料等，起到一部专业设计“词典”的作用。

我们约请了国内外大师级的学者顾问团队、国内具有影响力的学术专家团队和国内具有代表性的各类院校领导和骨干教师组成的编委团队。他们中有很多人已经为本系列教材的诞生提出了很多具有建设性的意见，并给予了很多有益的指导。我相信以我们所具有的国际化教育视野以及我们对中国设计教育的责任感，能让我们充分运用这一套一流的教材，为培养中国未来的设计师奠定良好的基础。

教育部高等学校设计学类专业教学指导委员会副主任

教育部职业院校艺术设计学类专业教学指导委员会原主任

同济大学教授 / 博导 林家阳

前言
FOREWORD

室内设计是一门应用性很强的实用艺术课程，“理论以够用为度，实践以精选为要，学习以经典为范”，这也是笔者在编写过程中遵循的宗旨。

首先，理论用于启发思考，核心问题以及专业设计中经常碰到的问题，要用通俗的语言讲明白，所以“理论以够用为度”。

其次，“精选”是室内设计基础课程实践学习的重要法宝，从空间类型中精选，从学生作业中精选，从设计师作品中精选，课程的重点是实践，实践的有效性就是精选。所以“实践以精选为要”。设计基础和概论课程不是专业课，不可能有足够时间深入到具体项目实践中，但室内设计的方方面面都要涉及，所以本书精选“居住、餐饮、办公、商业”四个方向的空间设计案例，基本上能够代表室内设计的全貌。学习者可以在较短的时间内，了解室内设计的基本类型和设计流程。

再次，设计案例选取学生和专业设计师两个层面的作品，可以通过简单的比较分析，明确作业要求和项目标准的差异性，努力做到更加专业。基础的学习也是方向性学习，给初学者一个指引的方向非常重要，笔者在最后一章中介绍的“风格和大师”即是可以依赖的指引。室内空间设计涉及的知识方方面面，而室内设计的艺术风格是最容易识别、最具有差异性、最容易模仿的，风格代表着具有符号性设计语言的糅合体，这是可以依赖的肩膀之一。室内设计领域公认的、著名的设计师或设计团队都可以称作大师，向当代大师学习，能少走很多弯路。初学者应该思考从什么角度理解大师，如从其人生履历中看到榜样的力量、从设计作品中揣摩大师的技巧和深邃的思想、通过作品与大师对话……借到大师的肩膀，站得高，才能看得更远。

感谢林家阳教授在本教材的编写过程中给予的指导性意见，在林教授的不断鼓励下，笔者全面梳理了近年来的教学成果和设计实践资料，致力于编写一本全新、务实、技能化、可读性和参考性强的室内设计专业基础教材。本书第二章内容和全书统稿工作由乔国玲完成，第一章与第三章内容由陈天勋完成，希望本书能引导大家更快更好地进入室内设计领域，书中不足之处敬请读者指正。

乔国玲

课时安排

（参考课时：88）

章节	课程内容		课时	
第一章 室内设计基础概述	第一节 室内设计的基本概念	1. 室内设计的定义	1	4
		2. 室内设计的分类	1	
		3. 室内设计的现状及发展趋势	2	
	第二节 中外室内设计的发展	1. 影响室内设计发展的因素	4	8
		2. 室内设计专业的建立	2	
		3. 室内设计策略	2	
	第三节 室内设计专业、课程介绍	1. 室内设计和相关专业	1	4
		2. 室内设计课程和相关知识	1	
		3. 室内设计程序	2	
	第四节 室内设计师	1. 室内设计师的任职要求	1	4
		2. 室内设计师的能力素养	1	
		3. 如何修炼成一名优秀的室内设计师	2	
第二章 室内设计基础实训	第一节 项目一——居住空间室内设计	1. 课程要求	2	16
		2. 设计案例	4	
		3. 知识点	10	
		4. 实践程序		
	第二节 项目二——餐饮空间室内设计	1. 课程要求	2	16
		2. 设计案例	4	
		3. 知识点	10	
		4. 实践程序		
	第三节 项目三——办公空间室内设计	1. 课程要求	2	16
		2. 设计案例	4	
		3. 知识点	10	
		4. 实践程序		
	第四节 项目四——商业空间室内设计	1. 课程要求	2	16
		2. 设计案例	4	
		3. 知识点	10	
		4. 实践程序		
第三章 室内设计案例欣赏与分析	第一节 室内设计典型性风格作品鉴赏	1. 古典欧式风格室内设计作品 2. 地中海风格室内设计作品 3. 东南亚风格室内设计作品 4. 日式风格室内设计作品 5. 中式风格的室内设计作品 6. 现代简约风格室内设计作品	2	4
	第二节 室内设计大师作品欣赏	1. 季裕棠的作品：广州文华东方酒店室内设计 2. 梁志天的餐饮空间作品：稻菊餐厅、“蝶 1903”主题餐厅室内设计 3. 卢志荣的作品《世界诗词方舟》与“木易水絜”私人住宅 4. 梁景华的商业空间作品：桂林临桂福朋喜来登酒店 5. 凯莉 · 赫本的陈设设计作品 6. 菲利浦 · 斯塔克的家具设计作品	2	

目录
contents

目录

contents

目录

contents

第一章

室内设计基础概述

第一节　室内设计的基本概念

第二节　中外室内设计的发展

第三节　室内设计专业、课程介绍

第四节　室内设计师

本章主要从以下三个角度阐述：室内设计的基本概念和类型，室内设计的发展史，室内设计的学科现状和职业特征。室内设计是一个综合性较强的专业，无论学习的课程门类，还是就业的岗位方向，都具有交叉性、多元化特征；另外，房地产和建筑行业对于室内设计影响巨大，行业发展有明显起伏，行业分工更加细化，专业化程度需求更高，这些都是动态因素。因此，有志于从事室内设计的同学要做好以下心理准备：一是要有浓厚的专业兴趣并长期坚持不懈；二是做好掌握多元技能的准备；三是做好终身学习和实践的准备；四是要吃苦耐劳，做好既能待在办公室的电脑前做设计，又能出入市场和工地的思想准备。

第一节 室内设计的基本概念

本节阐述了室内设计的定义，并具体分析室内设计的基本类型：居住、商业、办公、餐饮、娱乐、展示、公共空间等，每个类型几乎都是一门重要的专业课程，需要更深入的学习。室内设计专业由很多专业理论和技术技能构成，而实践才是检验这些知识的唯一标准，只有经过长期学习、实践，不断积累理论和实践的经验，才能真正了解室内设计。

1. 室内设计的定义

室内设计是指人们在建筑物内部开展空间的功能性和艺术性创造活动，满足人们对生活空间的物质性、精神性、社会性需求，在这个创造性活动中，体现了一定时期内和特定地区内人们的艺术审美和文化特征。

室内设计既是艺术活动又是科学活动，既要具有充满想象力的发散思维，又要具有严谨缜密的科学态度。室内设计首先必须遵守某些科学规律，如建筑力学、空间构造、材料科学、视觉规律、审美心理、地域气候、社会传统等规律性特征，了解这些规律是进行科学设计的前提条件。例如：室内设计师经常与建筑师、工程师和承包商直接合作，室内设计师可能会创建一个空间的布局，但是如果没有建筑结构工程师的批准，则不可以随意改变承重墙；其次，室内设计师要根据空间的属性特征和需求进行有目的性的设计，空间的居住性、商业性、公共性等需求决定了设计方向必然有所侧重。例如：与居住空间相比，商业性空间为了盈利的需要，功能性、经营性的需求更加突出，而室内公共空间更多的是考虑公共性、社会性需求。

室内设计也称为室内装饰设计或建筑装饰设计，从业人员称为室内设计师、装饰设计师等。通俗意义上说，室内设计就是为了装饰、美化空间，但这个从业团队成员很少自称是装饰设计师，因为室内设计师的工作可能包括装饰，但装饰设计师不一定会做设计。室内设计与单纯的室内装饰相比，更多的是强调规划、功能设计和有效利用空间，而且室内设计师可以承担整体项目，包括建筑物内空间的基本布局、窗户和门的定位及处理声学和照明等技术性的问题。（图1-1）

图 1-1 室内设计工作场景

2. 室内设计的分类

根据室内空间的不同属性，室内设计主要分为几个大的类型：居住空间设计、商业空间设计、办公空间设计、展示空间设计、餐饮空间设计、娱乐空间设计等。

（1）居住空间设计

居住空间设计也可以称为住宅空间设计，设计的对象包含服务于地产开发商销售需求的样板房设计、满足家庭生活需求的居室空间设计，还包括私家别墅空间的设计、公寓式住宅空间设计等。居住空间根据功能划分为客厅、餐厅、厨房、卧室、书房、卫生间、娱乐室等；人们常说的几房几厅是按照房型划分，如一房一厅、两房一厅、三房两厅等，“房”指卧室、书房、娱乐房等，厅指客厅、餐厅等。别墅可分为独栋别墅、联排别墅等，居住空间按照层高还分为平层住宅、错层住宅（复式住宅或LOFT住宅）、多层住宅。每一种空间的设计要点不一样，如样板房设计侧重于临时性的展示，为了吸引消费者，需要在视觉效果上略显夸张、装饰奢华。（图1-2、图1-3）

图 1-2 居住空间鸟瞰图设计

图 1-3 会客厅设计

（2）商业空间设计

商业空间设计指为了满足商业活动的需求，创造出既能凸显商品价值和品位，又能诱导消费者积极体验或购买行为的特定场所，主要包含商业陈列设计、店面设计、橱窗设计等内容。商业空间设计受到商业目的、活动组织、预算、时间周期、场地、商业流行趋势、消费者心理等综合因素的影响。商业空间设计首先要考虑结合企业或商品的VI视觉识别系统，保持产品品牌形象的一贯性；其次，要将空间设计与广告创意结合起来，使用展示道具设计或空间艺术造型，多媒体展示技术、交互技术、虚拟现实技术等方式，使空间具有特定的传播价值，能够有效地传播视觉信息。由于商业活动主要是面对市场，只有与产品或商业活动结合起来，对消费者产生吸引力，创造出具有传播属性的空间，才是优秀的商业空间设计。（图1-4）

（3）办公空间设计

在现代市场竞争激烈的环境下，优良的办公环境成为提升企业竞争力的重要因素，优秀的办公空间不仅可提高组织效益，更能加强组织文化，成为企业文化中重要的组成部分。办公空间的设计要满足办公需求的基本功能，包括办公空间、会议空间、走廊空间、服务空间等。由于办公环境的公共化特征，通风、舒适、共享、实用显得非常重要。员工的健康、福利、个性化的工作方式要得到充分尊重，这就要求设计师与业主方充分沟通，了解企业战略、精神文化、工作方式、功能需求、个性化要求、公共性和私密性等内容，并应用掌握的专业知识和经验，创造优良的办公环境。（图1-5）

图 1-4　商业店铺设计

图 1-5　办公空间环境设计

（4）展示空间设计

展示空间分为商业性空间和公益性空间两大类型。商业活动中为了更好地销售商品，需要考虑商品展示的形式，一般性商业空间设计均包含了展示设计要素。会展设计是展示设计的主体组成部分，如广交会等重要的商品交易会，需要大量的展示设计师为之服务，这种商品展览空间大多是临时租赁，以展示宣传、销售、交易为目的，具有周期性、临时性的特点，设计方案需要遵循“个性突出、风格简约、空间适用、动线合理、施工快速、拆装方便”等原则。（图1-6）公益性的展示空间包括博物馆、科教馆、博览会、美术馆等环境空间，以文化展示、宣传、教育而非营利为主要目的。

图 1-6　2017 年 ISE 展会设计

（5）餐饮空间设计

面对激烈的市场竞争，当前的餐饮空间越来越注重品牌效应，餐饮空间室内设计是吸引顾客的重要因素，消费者注重环境体验有时候超越享受餐饮本身，以客户为导向的餐饮服务业要求设计师提供适合其战略定位的环境空间，精心地规划设计物理环境是重中之重。餐饮空间设计首先要考虑经营定位，提供相应档次、功能的消费空间。

餐饮空间特指饭店、食堂、餐馆以及提供餐饮服务为主的酒店，一般都有明显的主题性和风格性，如中餐、西餐、日餐、韩餐等，中餐根据菜系又分为粤菜、湘菜、淮扬菜等；这些主题性餐厅都具有明显的地域性风格特征，都需要通过环境要素的设计体现出来。（图1-7、图1-8）

图 1-7　酒店的宴会厅设计

图 1-8　主题餐饮空间设计

（6）娱乐空间设计

室内娱乐空间一般包括酒吧、KTV娱乐空间、游戏室、小剧场、音乐厅、电影室等。休闲娱乐空间的范围类型很广，很多主题需要具有特定功能、设备设施。设计师要根据消费心理、视觉规律、声学特点，综合运用时间、空间、材质、色彩、灯光、造型、声学等要素开展设计。现代休闲娱乐空间设计比较注重时尚性，关注国际上的一些流行趋势，如声光电、互动投影、VR虚拟现实技术等高科技的应用，给顾客以时尚、酷炫、新意、高贵、舒适的视觉享受。休闲娱乐空间具有更新快、创新大胆的特点，只有这样才能确保休闲娱乐经营者的市场竞争优势。（图1-9）

图 1-9　KTV 娱乐空间设计

3. 室内设计的现状及发展趋势

纵观整个装饰艺术历史，室内设计已经从服务于少数权贵阶层转向为社会大众服务，也已经从个性化定制转变成为模块化的行业大生产，尤其是现代科学的进步和劳动分工的细化，室内设计已经演变成一个完整而系统的创造行为。

室内设计的职业团队包括进行空间艺术方案整体把控的设计总监、落实具体项目的室内设计师、应用手绘或电脑模拟空间效果的效果图设计师、应用CAD软件绘制施工图的绘图员、到施工现场负责沟通设计与施工的施工员、根据市场行情向客户提供装饰工程预算书的预算员等。室内设计行业还存在一些专门化的外部衍生，包括专门从事橱柜行业的橱柜设计师、从事家具个性化定制的家具设计师、进行家具配饰整体设计的软装设计师、从事室内绿化景观、空中花园、别墅花园的园艺和景观设计师等。室内设计行业的分工细化是当前行业领域的现状，这既是分工细化的必然，也是专业化发展的必然趋势。（图1-10）

图 1-10 室内设计师的工作环境

第二节 中外室内设计的发展

原始人从洞穴居住开始，就开始有意识地打造自己的居住环境，原始族群为了生存不断迁徙，生产力水平也不高，居住环境简陋，室内设计只是一种为了躲避危险、遮风避雨、抵御严寒等最底线的生存环境。

作为建筑的重要组成部分，室内设计发展与材料、工艺、生产力水平的发展是同步的，而由于人类居住的地域、气候环境各不相同，文明的进程不同，生活习性也不同，室内设计发展至今呈现出多元化风格的特点。中外室内设计的发展历史并不是同步的，情景也各不相似，如：中国唐朝以前，虽然室内出现了丰富的祭祀和生活用的家具，但老百姓普遍还是席地而坐，宋朝以后，凳子等高座家具才普遍应用，人们才开始习惯高足而坐，并延续至今；明清时期是家具发展的黄金期，商品经济的发展，硬木的大量进口，带动了室内中式风格的繁荣发展与定型。再如：源于古埃及、古罗马、古希腊的欧洲文明，地中海沿岸国家由于丰富石灰岩材料及宗教文化影响下对永恒性的追求，欧洲建筑都倾向于用石头做宫殿和民居建筑，各种漂亮的柱式装饰反复打磨，墙体、室内地面大多是较硬的石材；欧洲随处可见几百年甚至上千年的建筑遗址。而非洲、太平洋岛屿、新西兰和北美洲等一些地方，由于地理环境的闭塞以及人们习惯于迁徙性生存方式，一些部落文明影响延续至今，传统而简便的棚屋适应了当地人们的生活方式。（图1-11、图1-12）

图 1–11 美国土著人的简易帐篷屋 /1871 年摄

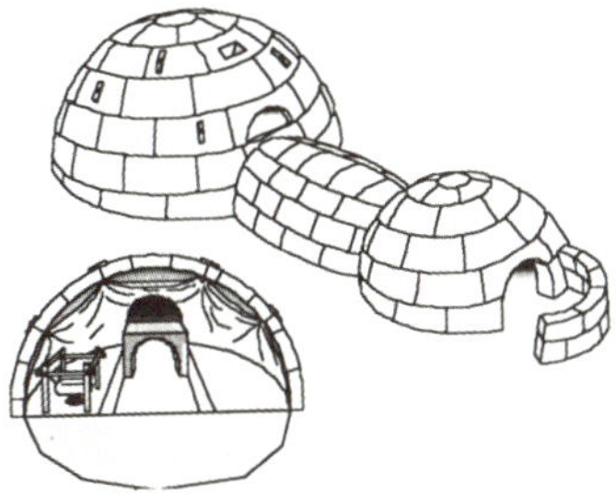

图 1–12 蒙古包和冰岛的冰屋

现代室内装饰的发展源于19世纪末、20世纪初的现代主义设计思想的启蒙。受到英国工业革命影响，生产力迅猛发展，新型机械、设备、工具不断出现，工厂模式不断发展壮大，钢材、平板玻璃、钢筋混凝土等材料逐渐普及，在此基础上形成的现代设计适应了现代社会的需求。设计开始为人民大众服务，而推动这种现代设计思想传播的是以勒·柯布西耶、弗兰克·赖特为代表的现代主义大师以及德国沃尔特·格罗佩斯创建的包豪斯设计学院，其中包豪斯精神至今都影响着现代室内设计。（图1–13）

图 1–13 包豪斯设计学院

1. 影响室内设计发展的因素

影响室内设计的因素是多样的、复杂的，认知与学习室内设计发展史，离不开人的生存与群居活动演变史。

（1）人类学家比较注重研究人的生活方式的演变，而决定人的生存方式的首先是地域环境因素

生活在草原上的游牧民族，为了适应不断迁徙的需要，选择搭建简易的帐篷——蒙古包，可拆卸、组装，也可移动运输，室内的设计和装饰都在这种生活方式的前提下进行。陕北人民住窑洞，是因为黄土高原的丘陵地带和奇妙的黏土，为制造窑洞提供了原始场地和材料基础，这种建筑方式在当时当地是最省力和易居的。居住在岭南地区的人们，喜欢在筒子屋里生活，构建骑楼样式的商业街区，是由岭南地区湿热多余、日照充足的自然环境所决定的：竹筒屋的过堂风和天井，可以有效地通风散热；骑楼下的遮阳，可以满足人们逛街的同时免遭日晒和淋雨。由此可见，人类的生存方式和环境条件是决定室内设计的基本因素。

（2）农耕文明下的定居生活

农业的发展是人类定居生活的基础，由于农耕技术的成熟，人们可以播种、等待、收获、储藏，不用像游牧民族一样到处迁徙寻找食物。在等待的过程中，就需要固定住所，定居人群多起来，村庄、乡镇也就形成与发展起来。由于农耕发展而固定下的居所建筑，大多用泥土夯实晒干的土坯制成，中东地区的考古发现，甚至存在用土坯加固的券拱结构和上小下大的精美壁柱造型，墙面的装饰大多类似纺织图案的纹理。除了泥土，还有的地区

用木材、石块做墙体，用树枝、树叶、茅草搭建屋顶，如中国海南岛至今犹存的民俗建筑“黎族船屋”，美洲土著部落的“棚屋”，大多就近取材，室内装饰简单，涂绘简单颜色，装饰毛毯或一些编织物。南美洲的马丘比丘（Machu Picchu）遗存的石头房屋，墙面砖块设计成凹入的壁龛，可摆设器皿或其他物件所用，地面发现动物毛皮和编织的垫子，可以想象，当时的室内设计是多么的具有装饰美感。不难看出，即便在农耕文明的初期，人类只要有富余的材料，总是想办法装饰自己的居所，这也许是人类爱美的天性所决定的。（图1-14、图1-15）

图 1-14　海南黎族“船屋”

图 1-15　马丘比丘的石头屋

（3）商品交易下的城镇生活

农业的高度发展，必然产生剩余物质，人们用物与物交换，商业活动逐渐发展起来。人们会寻找交通、运输比较便利地方建设专门用于交易的场所，也就形成了后来的城镇。由于城镇上集中了大量而丰富的物质财富，有利于人们尝试用新的材料构筑建筑，使建筑看起来更加牢固，建筑和室内设计也更加复杂，装饰也更加华贵。如古埃及尼罗河流域，埃及人用打磨石头的办法建设自己的城镇住宅、宫殿甚至陵墓。城镇建筑的室内设计和装饰，远比农耕时代的居住环境更进了一步，是物质财富和精神财富进一步发展的反映，也是人类文明发展的一个缩影。（图1-16）

图 1-16　埃及金字塔和壁画

（4）工艺技术的发明创造，民族与文明融合发展

早在中国商周时期，青铜工艺、髹漆技术、编织技术已经发展成熟，考古发现一些祭祀用的青铜礼器造型多样、装饰精美，出土的一些生活漆器残片上可以看到丰富的纹饰、镶嵌工艺……人们对室内祭祀活动、家居生活装饰非常重视，虽然多用于贵族生活，但可见当时的技术水平之高，设计之精美。

汉唐时期与西域各国的文化交流频繁，胡床传入中原，“墩、椅、凳、床”等高型家具开始被贵族、僧侣使用。唐朝“贞观之治”带来了社会稳定和经济文化上的空前繁荣，室内家具出现复杂的雕花及大漆彩绘花卉图案；而文人士大夫们多追求素雅洁净，所以这一时期的立屏、围屏多素面无饰。

五代时期画家顾闳中的《韩熙载夜宴图》，向我们清晰地展示了五代时期室内装饰陈列的具体情况，其中有直背靠背椅、条案、屏风、床、榻、墩等。宋时高座家具已相当普遍，高案、高桌、高几也相应出现，垂足而坐已普遍化。宋朝商品经济高度发展，资本主义萌芽开始发展，城镇世俗生活的繁荣使高档宅院、园林大量兴建，打造精品家具以布置房间成为必然。宋代家具在总体风格上呈现出挺拔、秀丽的特点，装饰上承袭五代时期朴素、雅致的风格。（图1-17）

明清时期是中国室内陈设发展的一个高潮时期。家具系统已建立并完善起来，家具品种丰富、式样美观。在这个历史时期，一般由文人士大夫主导室内陈设设计，因此具有较高的文化品位和审美水平。（图1-18）

改革开放之后，中国室内设计、装饰行业迅猛发展。中国已经成为家具、陶瓷、墙砖等建筑装饰材料的重要出口国，室内设计、装饰呈现多元化的发展；欧美发达国家先进的设计理念、丰富多彩的装饰风格、中国传统古典装饰风格的复兴，都在中国大地上交织进行。可以说现代中国的室内设计、装饰行业的发展已经趋于成熟，既有国际化特色，又有本民族风格的进一步发展，形成了现代室内设计、装饰的繁荣发展局面。

图1-17　顾闳中的《韩熙载夜宴图》

图 1–18 中国明清时期的室内家具风格

2. 室内设计专业的建立

1930年，密斯·凡·德·罗领导下的包豪斯设计学院把家具、金属品、壁画工作室合并成室内设计系，开设7个学期的专业课，整个学院分成建筑设计和室内设计两个部分。室内设计作为独立专业被世界广泛承认是在20世纪60、70年代，这时一般系统论和控制论的发展，形成系统科学，室内设计之所以能从建筑学科派生出来成为独立体系，得益于这种系统科学论的理论指导，人们把室内设计方法、创造出的成果与心理学、材料学、建筑科学等理论对接，形成独立的学科体系。我国最早开设室内设计专业的是清华大学美术学院（原中央工艺美术学院），1956年成立“室内装饰专业”，1983年改为“室内设计专业”，之后为了拓展专业方向，名称定为“环境艺术设计专业”（包括景观设计方向）。20世纪80年代后期，室内设计专业在全国的各大院校逐渐普遍开设起来，并在环境艺术设计专业的基础上衍生出家具设计、展示设计与室内陈设设计等具体方向。（图1–19）

图 1–19 包豪斯的教师和作品

3. 室内设计策略

基于对室内设计概念的认知和对室内设计发展历史的初步了解，我们可以从宏观意义上把握室内设计的基本策略，即创造出适宜现代人居住、生活的功能和精神空间。

（1）尊重建筑科学规律是学习室内设计的前提条件

室内设计是建筑设计的延续，现代室内设计离不开对建筑结构、构造、材料科学、施工工艺等因素的了解，室内设计师不能被看作是艺术家，更多的时候应该是一名严谨的工程师，需要熟悉建筑科学技术，了解建筑的功能性、定位性，了解基本的建筑与安全法规以及项目管理、合同法规、设计定额、工程监理等相关内容。（图1-20）

（2）坚守“以人为本”的设计理念

室内空间环境最终为人服务，这是所有问题的最终目标。人的物质功能需求、生理及心理需求、空间体验的需求、人际交往的需求等，构成了检验设计是否优秀的检验标准。设计师在设计的过程中，要考虑的因素错综复杂，但要始终把握好“以人为本”的中心思想，先把“人”作为设计的第一对象进行分析、沟通，设计创造出适合人生活、工作、娱乐等环境，要坚持这个目标导向。另外，这个人可能是各种个体，如老人、小孩、妇女等，也可以是健康的人、残疾人、有沟通障碍的人等；这个人还可能是群体，学生、医生、营业员等，要区别对待个体和群体行为的差异性，要了解不同地域、民族、文化习俗、教育背景人的差异性。

图 1-20　室内设计与建筑结构

（3）从视觉心理的角度理解空间艺术的美

人能够感受空间的形态，如空间尺度的大小、空间造型的动与静；还能感受空间的质感，如墙面材质的色彩、肌理、明度、光泽度等。由视觉心理而产生的审美判断决定了消费者是否接受设计师的设计。所以说，室内设计师也要从艺术家的角度，通过对比、节奏、秩序等形式美的原理，创造出空间艺术的美，让居住在室内空间中的人产生视觉的愉悦感。

（4）可持续发展观是室内设计师遵循的重要原则

绿色、环保、节能、可循环使用是可持续设计理念的重要表现，当前社会环境下，坚持可持续设计理念是一种重要的设计理念。一般商业空间的室内装饰更新周期是3—5年，公共空间7—10年基本上也需要重新装修，可以说室内装饰设计是一种消耗极大的建设活动，新的材料不仅会带来环境污染，不断翻新而产生的垃圾废料，加剧了中心城市“垃圾围城”的局面。20世纪80年代初期，欧洲发达国家最先提出“可持续发展”一词；1989年5月第15届联合国环境署理事会期间通过《关于可持续发展的声明》，1992年6月，联合国环境与发展大会在巴西里约热内卢提出并通过了全球可持续发展战略。设计师不能只顾眼前经济利益，要自觉坚守可持续发展理念，尽可能使用绿色无污染材料，设计方案需要考虑节省能耗，为子孙后代留下宝贵的能源、环境、生态资源。（图1-21）

（5）坚持原创设计

室内设计本身是创造性活动，优秀的设计作品需要花费大量精力和时间，我们在赞美的同时，还要学会尊重他人的创造性劳动。设计师可以借鉴古今中外优秀的设计成果，不能盲目抄袭、套用，要善于学习设计师背后的方法、技巧，理解设计思想，坚持原创设计。当前室内设计师缺乏应有的社会认知度和重视，甚至还存在免费设计的现象。室内设计作品同样拥有自己的知识产权，设计师和业主都要有产权保护的意识，尤其一些连锁经营的商业空间设计，是花费大量精力和金钱的成果，需要积极申请知识产权保护。

图 1-21　联合国《全球可持续发展战略》海报

第三节 室内设计专业、课程介绍

室内设计专业是交叉性的，课程也是多元化的。学习室内设计专业必须同时了解建筑、家具和装饰学科的关联知识，又必须掌握三维空间和平面视觉的相关理论，还要绘画能力突出，以便快速手绘表现，又要计算机软件技术过关，以便于绘制准确的施工图和逼真的室内效果图。如此看来，全面掌握室内设计知识和技能真不是一件简单的事情。当然，行业有分工，真正的从业者往往是精专于某个方面，但就大学阶段的基础学习而言，各方面都需要用心学习。而对于优秀的从业者，全面掌握以上知识和技能更能为未来的事业打下坚实的基础，笔者认识很多杰出室内设计行业的创业者，都几乎具备全面而系统的室内设计专业知识和技能。

1. 室内设计和相关专业

室内设计是一种创造性活动，当创意设计从图纸变成现实，并令客户感到满意、得到广泛赞誉时，这将是一份令人兴奋的职业。室内设计本身就是一种很有价值的职业，既可以扩展知识面又可以提高美学修养；从事室内设计还需要不断地学习，新设计风格、新工艺材料、新的流行趋势的出现，都会促使我们改变设计语言，以适应新的需求。

图 1–22 室内设计的色彩搭配

我们把掌握室内设计技巧理解成掌握一门新的语言，这对新入行的人来说是一件非常重要的事情，那么室内设计需要什么样的语言体系呢？室内设计首先有它独特的词汇，如材料、风格、形式、细节、光线、色彩、图案、纹理、线条等；其次有其重要的语法结构，如平衡、旋律、重点突出、对比均衡、局部和整体、多样性以及和谐性，就像选择词汇并根据语法规则组成句子一样，我们根据已有的设计原则用设计要素来创造室内设计作品。如同优秀的作家以创新而有趣的新方式运用语言，天才的设计师们也经常打破现有的规则和条框以发掘全新的流行趋势及品位。（图1–22）

与室内设计相关的行业还有家具设计、橱柜设计、陈设设计等，这些专业是室内设计行业细分的必然结果，也是室内设计专业化发展的必然趋势。专门从事家具设计，服务于家具定制工厂的设计师，把室内设计当作是开发新产品的环境因素，他们从产品设计研发的角度从事室内装饰行业。橱柜设计与橱柜设备紧密关联，设计师们往往依托某橱柜品牌，从事室内橱柜定制设计。陈设设计师比室内设计师更接地气，直接应用家具、灯具、布艺、装饰画来表现空间的艺术性。（图1–23）

图 1–23 室内陈设设计方案

系统的学习，全面掌握室内设计知识和技能对于设计师来说非常重要。这个系统课程一般包括：美术基础课、设计基础课、计算机辅助设计课程、设计理论课程、设计实践课程等5个模块的课程，具体来说包括以下的内容

①美术基础课程：素描、色彩、速写、建筑写生

②设计基础课程：平面构成、色彩构成、立体构成、色彩设计、图形创意、建筑制图基础、透视与手绘效果图

③计算机辅助设计课程：Photoshop图像处理、Illustrator、AutoCAD、3DMax、SketchUp、CAD施工图、3D室内电脑效果图等

④设计理论课程：工艺美术史、建筑与室内设计概论、人机工程学、装饰材料与施工工艺等

⑤设计实践课程：家具设计、办公空间设计、居住空间设计、样板房设计、别墅花园设计、展示设计、商业空间设计、建筑工程预算、酒店与餐饮空间设计、室内陈设设计等

2. 室内设计课程和相关知识

比较全面的室内设计课程包括从绘画、设计基础、装饰理论到设计实践的一系列课程。在尽可能全面学习系列课程的同时，也可以根据个人情况有选择地、重点学习更适合自身职业规划的课程，如美术基本功不太好的同学，可以重点学习CAD、3D软件，利用计算机软件模拟呈现设计方案。同样，对绘画艺术感兴趣又善于手绘的同学，可钻研“透视与手绘效果图”这门课程，为将来做方案设计师奠定基础。

3. 室内设计程序

室内设计的程序一般分为六个阶段：项目分析阶段、概念设计阶段、方案设计阶段、施工图设计阶段、设计实施阶段、设计完工阶段。

（1）第一阶段：项目分析阶段

设计机构或设计师与业主签订意向合同，接受委托任务书，或者根据要求准备投标书。这个阶段是设计的初步阶段，一定要熟悉设计规范和定额标准，尽可能全地收集资料，去现场实地勘测与调研。具体调研内容包括空间环境调研：对经济环境、自然地理、社会文化等方面进行考察、分析；空间使用者调研：谁是空间的使用者，不同类型使用者有哪些具体的需求，如生理要求、空间要求、安全要求、知觉要求、社交要求等方面；与设计相关的施工调研：施工计划、周期、材料供应、新工艺、消防标准、安全规范等；委托方是否有特殊的要求，设计方需要提前了解，以便设定合适的设计原则。签订合同前，还需要协商设计费的支付标准，确定按照平方收费还是工程总额的百分比收费。

（2）第二阶段：概念设计阶段

概念设计阶段实际上是为甲方提供粗略的设计方案（设计草图）或意向图，是为了之后更加高效地进行设计，以避免方案设计的盲目性。这个阶段听取甲方的设计要求以及风格要求非常重要，有时候甲方表达不出来时，需要设计师引导，以最终确定客户的大致意向。后期面向甲方阐述概念设计方案，需要及时归纳客户的想法和意见，提供平面规划设计和意向图，沟通进行下一步的深化设计。

（3）第三阶段：方案设计阶段

概念设计完成后，明确甲方的具体要求，设计机构内部组织协调，向甲方提供完善的原创设计方案，具体包括平立面彩色平面图、效果图、设计说明等。在规定的时间内，在充分满足甲方要求的前提下，坚持个性创意和原创设计，完成一套客户满意的室内设计方案。（图1-24）

（4）第四阶段：施工图设计阶段

方案设计确定后，为了确保每次的设计方案在施工过程中都能得到很好地贯彻落实和配合，在预定工期内保证工程质量。施工图设计完成后，设计人员必须自己认真审图，及时发现图纸的缺陷并尽快完善。设计机构同时也要确定项目负责人及方案设计师，及时参加图纸会审，清楚说明工艺过程、施工方案、技术措施、注意事项等问题，做好技术交底工作；要求做好技术交底记录，有关人员签字后存档。（图1-25、图1-26）

图 1-24 手绘室内设计方案

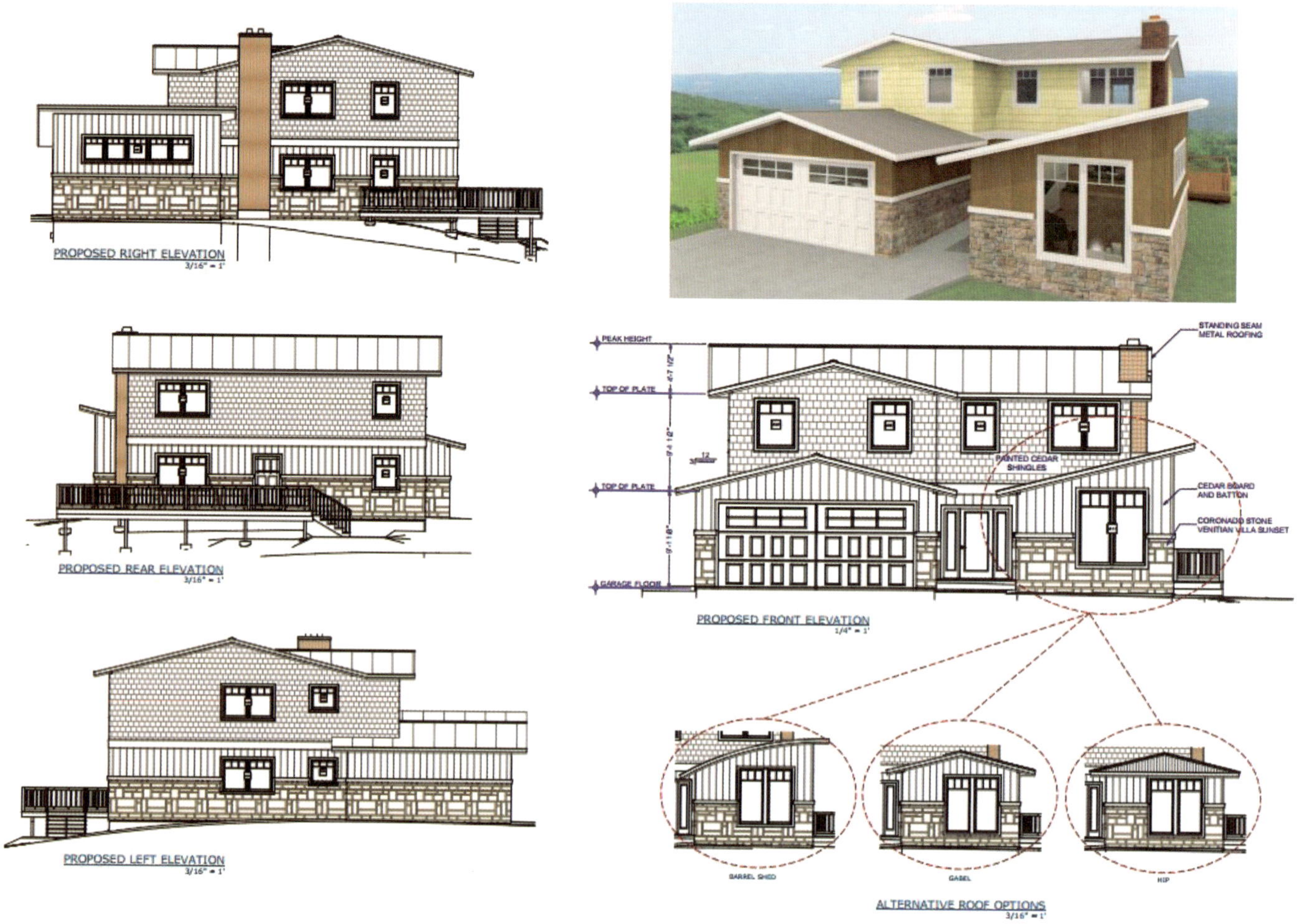

图 1–25 电脑效果图和施工图

（5）第五阶段：设计实施阶段

设计实施即施工阶段的任务主要包括绘制施工阶段的变更图和竣工图。根据甲方要求，组织专业人员跟进督促按施工图施工，根据现场情况及时完成设计变更，包括由甲方、施工方提出的合理建议而发生的设计变更或人力不可抗拒因素引起的设计变更。这些变更对于设计机构来说非常重要，为什么最初的构想与现实有差距？归纳、总结变更内容，可以有效促进设计机构改进和提高设计水平。施工完成后还要根据实际施工情况，由施工单位或委托有设计资质的设计机构绘制竣工图，尤其是需要准确标注土建工程、房屋建筑工程、电气安装工程、给排水工程中管道的实际走向以及其他设备的实际安装情况。国家规定在工程竣工之后施工单位必须提交竣工图。

（6）第六阶段：设计完工（陈设设计及家具摆场）阶段

根据甲方的要求，设计机构可以根据室内设计方案跟进陈设搭配，指导陈设机构或委托第三方完成室内家具及饰品的整体搭配。具体包括家具、灯具、艺术品、装饰品、摆件、窗帘、绿化等。

图 1–26　SU 软件快速完成模型方案设计

第四节　室内设计师

作为室内设计师必须首先了解这个行业和市场，了解如何获得从业资格，如何争取到企业实习的机会，如何通过自己的努力成长成为一名优秀的设计师或设计管理者。

1. 室内设计师的任职要求

在很多国家，成为室内设计师必须获得从业资格证。如美国要求室内设计师通过许可考试，国家室内设计资格委员会（NCIDQ）为合格的室内设计师提供了一个标准化考试，可以为他们提供许可或认证。考试内容涉及室内设计方面的各种知识，还会提出一些检查考生独创能力的问题。已获得学士学位且在设计领域已经工作至少两年的设计师才有资格参加考试，考试设有“优秀”和“合格”的标准，这样专业设计师能更好地服务于大众。此外，美国的一些州还推出资格和执照法案，这就意味着专业人员要想使用“室内设计师”的称号，必须是有执照的。设计师必须通过国家委员会的资格考试，而且规定在此行业的工作年限达到最低标准。同时，为了保住执照，设计师还需每年完成最低数量的连续学习课程（高级培训课程），这种方法为设计师知识结构的更新和执业水平提供了基本保障。

中国室内设计行业的资格认证一般下放到各省的行业协会，但由于行业协会的认证过程普遍存在操作不当及科学性和权威性的欠缺，在当前国家行政审批精简改革的背景下，“装饰设计师”这一职业认证自2016年起已经取消。这意味着，只要你接受了一定的专业教育，并被市场所接受，你就可以从事这个行业了。由于没有严格的准入门槛，我国室内设计行业“鱼龙混杂”，有经过系统大学专业教育的，也有经过短期培训的社会人士参与到这个行业中来，一般室内设计师的社会地位和市场认可度普遍不高，设计师需要通过艰辛的劳动换取成长机会。

2. 室内设计师的能力素养

室内设计师不仅要具备专业技能知识，还要有一定的沟通能力和管理才能，能够解决问题、组织合作。从室内设计的发展历史不难看出，一般老百姓的家庭，尤其是农村家庭，普通木工、泥瓦工都能够基本解决，但越来越壮大的城市中产阶级或富裕阶级，对其室内设计的品位要求较高，一般的技术工人不能解决更高的艺术审美、创意问题，需要优秀而全面的设计师介入，负责设计沟通、现场指导、监督完成室内工程装饰项目。今天的室内设计师不仅设计有创意、个性化的室内装饰，有时候还要充当指导者、组织者和采购员的角色。

室内设计师需要具备的职业技能主要包括以下几个方面的内容。

（1）艺术创意和表达能力

酝酿设计构思，包括改进设计想法，并逐步形成一个设计理念。具有创意表达的基本技能，如通过草图、立体透视图和技术图纸来快速表达设计想法和理念

（2）施工图能力

设计师要能够绘制草图或技术图纸，为装修工人或承建者提供装饰细节的施工图；具备对施工技巧、建筑内部设施、法规、建筑规范和安全施工等知识

（3）文案能力和沟通能力

设计师也应该准备合同文件和协议书，处理与设计工程有关的财务、交易事务；有较优秀的文字功底，能够撰写创意设计说明。能够清楚地表达想法、计划，能制定口头和书面的合同

（4）必备的建筑关联技术、知识

指导监督建筑内部设施的装配，如供暖、管道、 空调和所有的照明设备

（5）对材料市场流行趋势的综合了解

指导列出材料、涂料和家具摆设的清单，这需要有对各种地板、天花、墙面材料、纺织用品的全面知识。要随时了解材料、涂料和家具陈设方面的改进变化。要了解各时期室内设计风格以及现代建筑、家具和绿色环保设计流行趋势

（6）工程造价、管理能力

能应用于商务管理的计算机技能以及用于测量和成本核算的设计、计算能力；具备一定的员工管理、预算、采购和市场调研能力；能监督施工、安装以及完成合同所涉及的所有工程部分

3. 如何修炼成一名优秀的室内设计师

行业分工要求我们将来做更专业的室内设计师，这是行业发展、分工细化的必然结果。如果有条件，设计师应逐步把精力放在某一领域开展专门设计，如专做博物馆设计的设计师，或专业做展览的设计师。将来对设计师在室内设计的复杂性和技术方面的知识和经验会有更高的要求，要成为优秀设计师需要更专注于某个设计领域，积累专门技能和经验。

技术手段的不断发展，要求设计师更关注科技前沿知识，具有广泛的接纳能力和积极的学习态度。科技的进步，尤其是大数据时代的发展，人工智能、虚拟现实技术的成熟、推广与应用，要求室内设计师站在市场前沿，争取把大数据处理、智能理念、虚拟展示融入室内装饰项目中，促进整个行业的快速发展。

设计师应有意识地提高自身的鉴赏能力。设计师应在全世界范围内广泛地学习，参观经典作品、流行设计等，包括公共场所，如博物馆、艺术展览馆、伟大的公共建筑和私人会所、有影响力的会展设计等；这些杰出的代表作和有影响力的设计案例，能够让设计师见识到各式风格、造型、装饰特点，培养我们的鉴赏能力。

坚持原创设计，逐步形成个人的设计风格。室内设计师做项目总是在求变，但不变的是原创精神的坚守，设计师足够优秀的标志是形成成熟的个人风格以及被市场更广泛地接受和赞誉。设计师要善于与自己对话，坚持创造性解决问题，从尽可能多的角度提出设计方案；有时候甚至需要摒弃所有的流行风格，摒弃矫揉造作和盲目追从，崇尚坚定地追求最优异的品质和个性，注重室内设计的品位、简约、时尚、个性等物质。设计师掌握了丰富的设计语言后，会逐步形成创造性思维和设计个性。（图1-27）

图 1-27　中国台湾设计师王胜正及其设计作品

第二章

室内设计基础实训

室内设计的学习是一个综合的过程，本章对室内设计的各个方向做了设计流程和设计思维的梳理，选用了市场上比较常见的几种空间设计类型进行介绍、分析，提供案例参考，希望帮助同学们提升设计思维、设计表达等基本技能。

第一节 项目一——居住空间室内设计

1. 课程要求

项目介绍：本项目属于室内设计专业的专题设计。居住空间选取尺度小，容易操作，但居住空间设计不是简单的美化工作，它是能够影响人类情感发展的设计活动。对于人类来说，居住空间是最贴近生活、隐私、兴趣的空间。居住空间设计的过程是对整个室内设计流程完全把控的设计，所以要根据居住形态与消费者进行分析，寻找设计策略并完整地表现出来。

项目名称：居住空间室内设计

项目时间：16课时

训练目的：通过特定家庭的室内空间设计，让学生了解、掌握基本的居住空间设计流程与原则，熟悉居住空间的设计方法、表达方式，培养整体设计方案的表达能力。

教学方式：理论与实践相结合的方式。通过实际家庭室内空间设计项目，引导学生明确设计方向与设计方法。其中导入社会实践案例，进行阶段性的设计介入，以集中讲解或公开评讲的方式来提高学生的认识。

教学要求：教学前一阶段以理论讲解为主，之后主要是实践操作环节。具体因每位同学理解情况不同进行不同的辅导，注重实际操作与设计表达，阐述室内功能与表现形式的联系。

作业要求：实际操作测绘、功能演进推理示意图、各类图纸的表达、模型分析、材料与软装图版。

2. 设计案例一：梦想改造“家”

图 2-1　建筑外立面改造前后

（1）项目介绍

项目位于广州荔湾区逢源西街46号，由谢英凯Thomas主笔改造设计，建筑面积180平方米。家庭成员：公公是一名老医生，大半辈子爱好足球，有一些老年人疾病，有打呼噜的习惯，婆婆是一名传统家庭妇女，爱好粤剧与书法，心脏做过手术，易失眠，业主黎女士热爱生活，喜欢烘焙、聚会，先生喜欢喝茶和运动，女儿是一名热爱跳舞、看书、荡秋千的初中生，黎女士妹妹、妹夫及一对儿女已移民，会定期归国团聚。这是一个三代同堂的家庭，各自有不同的生活习惯，虽然房子已较破旧，但大家都十分不舍得放弃这个充满回忆的家。（图2-1、图2-2）

（2）建筑环境

建筑三面墙（东、北、南）为共墙，与邻居共同使用墙体首层、夹层，三面共墙无窗，仅西面墙有窗，导致首层、夹层潮湿阴暗，通风差，建筑正面朝正西，西墙十分破落。屋前与相邻建筑间距短，导致首层、夹层长期阴暗，二层以上却西晒明显，三层日晒时处于闷热状态，因有数次被入室盗窃，南边的窗被封闭，长期闷热却无法通风散热。（图2-3）

图 2-2　家庭成员的兴趣爱好

（3）设计构思

这个建筑已走过近百年的岁月，而这个曾经给这家人带来无数难忘回忆的家，已经流露出疲态：被风化的砖墙，锈迹斑斑的栏杆，肆无忌惮的青苔，无不时时刻刻发出这个信号——这是一座危房。而改造却并非那么容易，老化的砖墙是和邻居共用的墙

图 2-3 原建筑外立面与室内环境

体，无法打开别人家的墙体改造。为保留原建筑四面老墙、不破坏原结构、避免影响邻里并减少安全隐患，在情感上又能延续空间的记忆，设计团队在考虑了建筑的特殊情况后，决定在原墙体内侧用工字钢重新搭建一个受力的结构架，既加固原建筑结构，也成为新的空间框架，利于重新组合空间资源。（图2-4、图2-5）

因与邻居之间为共墙，导致首层、夹层长期阴暗潮湿，通过研究广州西关建筑，发现古人解决闷热问题的方式是通过冷巷、天井之间形成的烟囱效应达到对流效果，于是此空间构造中在东面设计了通风采光井，在西面设计了错位的中空，把热空气抽离，引进新鲜空气，使空气得到流通，如图2-6通风示意与CAD平面设计方案。

原建筑西边西晒严重，砖墙已显老化状态，除了对墙面进行修复处理，同时设计一个格栅折叠门，可阻隔部分阳光的直接照射，并在西边设置中空，对热空气进行阻隔，在不改变建筑原有高度的情况下，重新设计了双坡屋顶，提高了室内空间的高度和利用率，通过双坡顶屋面造型改造，对室内集中靠东边的卧室进行阳光阻隔与防晒保护。

因为婆婆易失眠不能有杂声打扰，而公公有打呼噜的习惯，两位老人的作息习惯亦有不同，因而提出分床需求。如何让两老作息区域有所区分，但又不让他们相互分离呢。通过双层隔音墙和隔音门处理，平时打开组成一个大开间，睡觉时，婆婆睡里面把门拉上，让他们继续睡在同一间房子里，生活中彼此照料。

三代同堂的家庭，有各自的爱好与生活习惯，同样需要互相沟通与融合，在空间分布中，少上楼梯的空间更符合老年人居住使用，而较高的楼层设计给年轻的家庭使用，在这之间的中间层设计了多功能起居室，大家庭可在此举行聚会。同时通过活动层板，可提供多人使用的一个充满阳光诗意的书房，营造出富有书香气息的生活品质。而书房灵活使用活动间隔，还可以围闭成一个临时客房。改造设计通过空间重组，为三代同堂的家庭提供了各自独立且开放的空间。

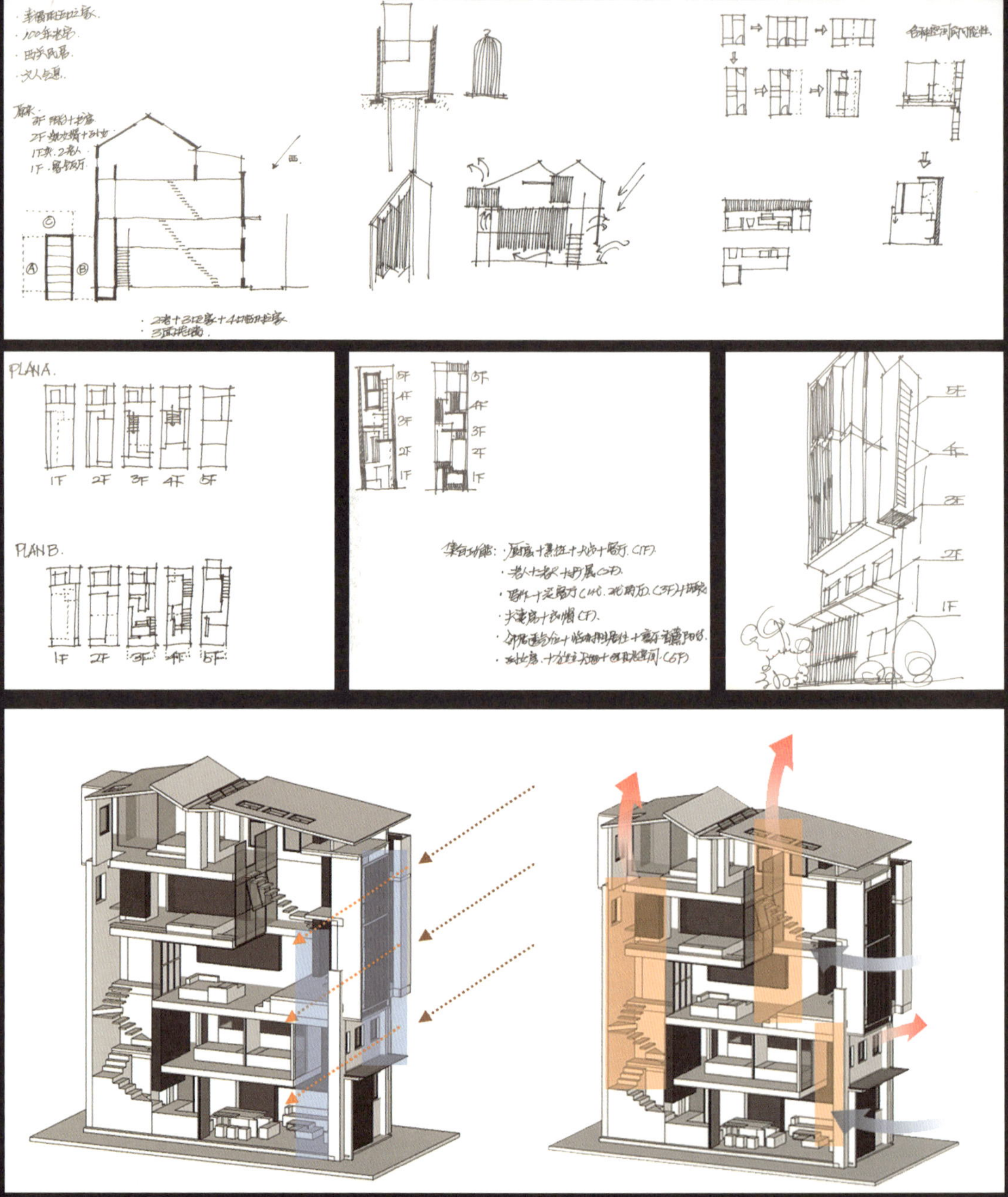

图 2-4　空间构思与结构设计方案

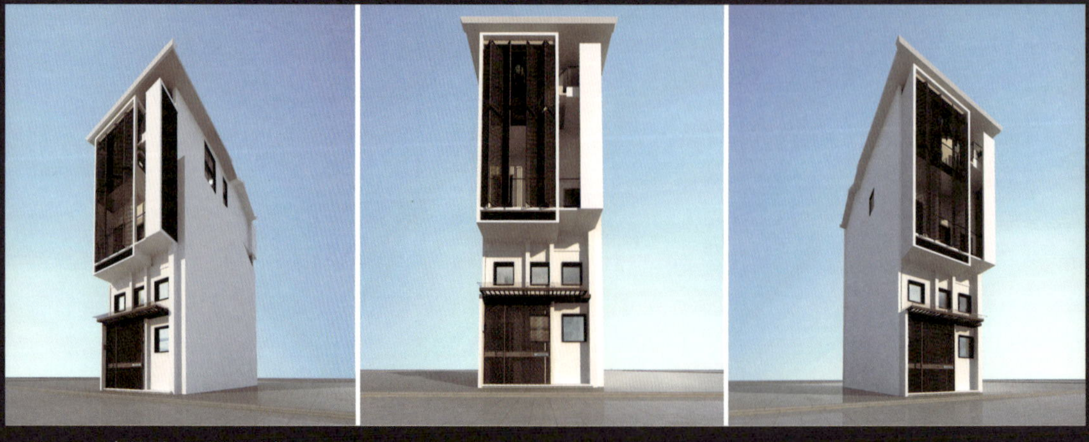

图 2-5　建筑外立面设计构思

为了更好地促进家庭成员之间的交流与沟通，首层以客厅、餐厅、厨房的整厅概念进行整合设计，通过灵活的间隔与伸缩组合家具形成整体的开放式厨房，满足多人使用的餐厅、多人聚会的客厅，在婆婆煮饭时，同时满足小女孩看书，其他家人帮忙煮饭、喝茶等丰富的活动，通过这样的方式减少老人家的孤独感，同时糅合了每个家庭成员的爱好，互相影响。（图2-7）

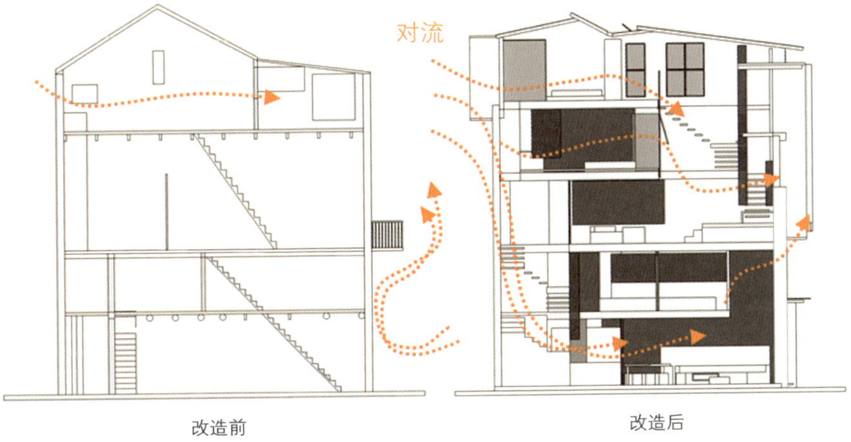

图 2-6　通风示意与 CAD 平面设计方案

除以上整体改造外，在改造中还有几个亮点可供类似案例借鉴参考。

①情感需求

除了改造结构空间，我们改造的主题还需围绕住在房子里的人的情感需求。

②时间胶囊

公公是一位资深而狂热的足球迷，也是一位爱书之人。因此，有很多书籍及各种与足球相关的珍藏。他常会对一些旧物有一些回忆。我们通过“时间胶囊”的概念，将五层进行新旧交织的重新排列做成一个书柜，旧屏风、老砖墙和樟木柜就像一个个充满回忆的时间胶囊，把它们置入一个新的容器，打开即满是过去的回忆，樟木柜不单单只是储物，更成为珍贵的展品，偶漏一角的老砖墙与新的展架形成新与旧的碰撞交融。

③旧物新造

老房子里有一些旧物陪伴了这个房子近百年，也同时陪伴着家人一起成长，这些旧物充满了对这个家的回忆，如一扇三联木雕屏风。业主黎女士珍藏的一张儿时照片中，就有这古老的木雕屏风，我们把屏风重新放在新改造的三层多功能起居室里，既作为功能隔断，也保留业主儿时的印记。（图2-8）

④琴台改造

在焕然一新的家里，旧琴台不只有写字读书的功能，它将成为一个时间胶囊置入一个新的平台，以水台的形式与长书桌结合，这组合的多功能桌可以满足小聚

图 2-7　客厅、餐厅、厨房的改造设计

图 2-8　旧物新造

会、写作、书法、读书等多种生活模式。

一层与三层起居室打破常规的功能区间划分，一家人从在各自分散的空间内工作娱乐转变为欢聚一堂，让家庭成员一起成长、共同分享、陪伴与交流。

⑤立体香草花园

花园不只是具有种花的单一功能，而要深入考虑住在这里的人的其他需求。如业主喜欢烘焙，可以在这里种植各式香草供业主闲时烘焙使用；而旧房子有很多蚊虫，也可种一些驱蚊的植物和香熏类植物，对家人的健康有帮助，如图2-9的立体香草花园。

图 2-9　立体香草花园

设计案例二：欧式室内设计作品

（1）项目介绍

此居住空间项目位于广东顺德某别墅区，建筑面积320平方米，3口之家，男主人事业有成，女主人做事果断，有主见，此项目由女主人定位为欧式主题风格。（图2-10）

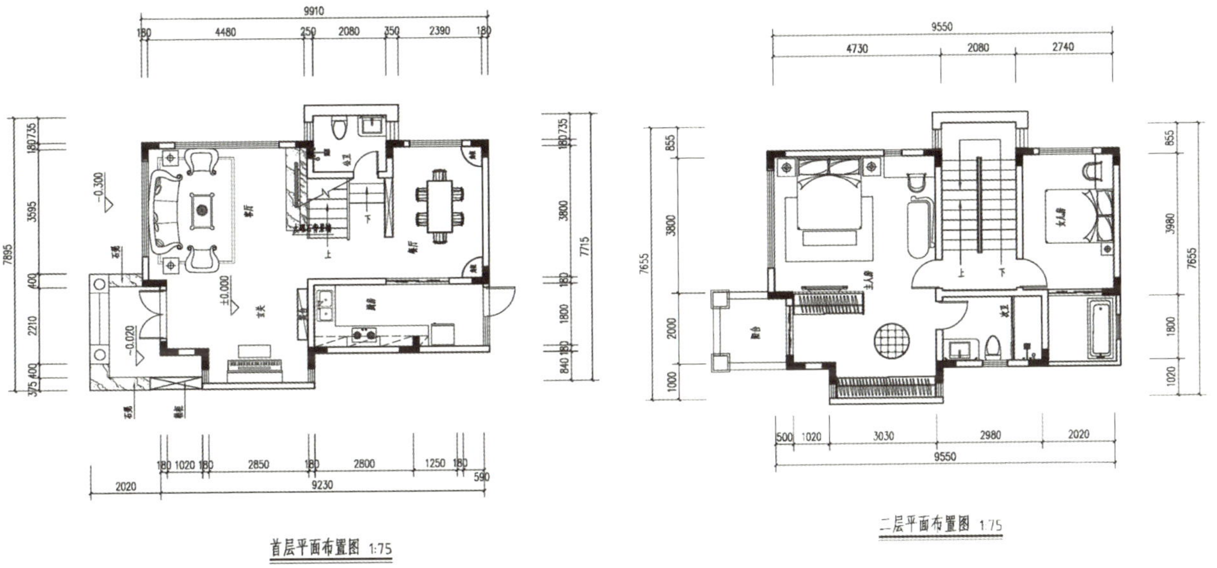

图 2-10　平面布局方案设计（蔡嘉仪设计，乔国玲指导）

（2）设计构思

家是取悦自我、回归自我和休养生息的地方。本项目的功能定位是生活度假，所以在硬装上并无过多要求，主要目标是设计符合业主气质的空间，使业主能感受到家的温馨和归属感。（图2-11）

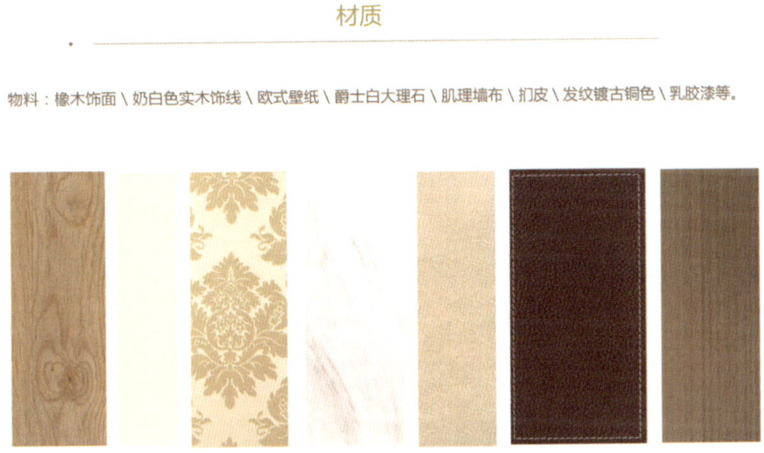

图 2-11　主要的装饰材料

本案业主是十分懂得享受生活的夫妇，注重生活品质和细节，喜欢时尚和新的事物。在充分了解业主的生活习惯、爱好、生活轨迹后，基本的空间功能布局已初具雏形，整个空间将呈现出舒适、宁静、自由、高雅的气氛。

（3）设计定位

该别墅客厅的电视背景墙后面是楼梯和餐厅，业主希望整个空间能通透些，曾经希望用半墙的大理石壁炉的形式，但效果出来比较生硬、勉强、没有内容，再加上餐厅空间比较窄，最终选用实木花格装饰隔断，形成通透的视觉感。（图2-12）

此外，整个空间色彩以暖色调为主，软装采用金色配件和艳蓝色系家具作为对比。（图2-13）

图 2-12 先后设计的两个客厅方案

图 2-13 客厅陈设方案

图 2-14 卧室陈设方案

3. 知识点

（1）居住空间的功能要素

居住空间即是常说的住宅空间，是综合空间，包含了为人提供休息、睡眠、工作、学习等功能的空间，因此，住宅空间主要围绕着私密性、个性、舒适性等特点进行设计。同时，居住空间设计的空间类型比较多，所包含的内容比较广泛，如酒店客房、供人短期居住的公寓等，所以居住空间设计是我们的重点研究和实践对象。

①卧室功能分析

卧室是居住空间中供休息、睡眠用的空间，往往以床为中心形成睡眠区，因而床是卧室主要的功能家具。床的式样、功能和风格对整个卧室起到控制性的主导作用，如图2-14。卧室的使用功能要求保持睡眠区的私密性、宁静感，所以卧室内常常选用多种类型织物，如能消除噪音的地毯、遮光吸音的窗帘、和肌肤亲密接触的床上用品等。另外卧室还具有梳妆、阅读、储物和卫生等功能，所以一般都有床、床头柜、梳妆台、衣柜、灯或绿化等软装品，如图2-15、图2-16。

图 2-15 卧室设计图

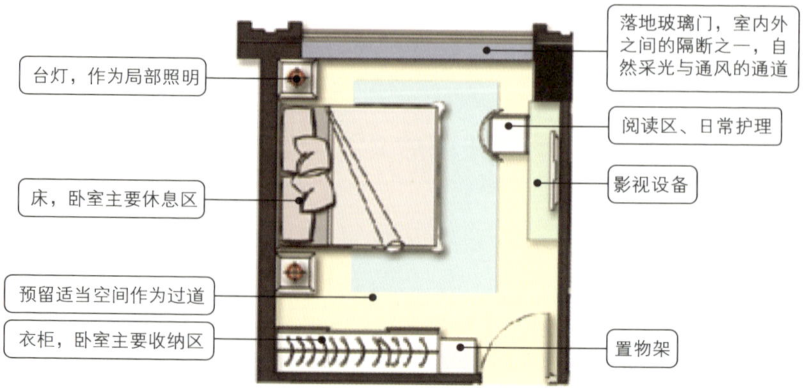

图 2-16 卧室功能分析图

儿童卧室要根据儿童的生理和心理特点来布置，如婴儿时期、儿童和青少年时期的要求都不一样。设计要讲求童真、趣味性，色彩比较活跃，家具造型简洁、无棱角，注意整体的安全性，如图2-17，老人卧室也是要根据老人的特点来布置，如60岁以上的老人腿关节灵活度下降，床就不能用太低的设计，以便于老人起身。这也是人体工程学在设计里的体现。酒店客房需要考虑到短期居住的便捷性等，如图2-18、图2-19是某酒店客房的设计概念和平面布置图。

图 2-17　乐高主题的儿童居室

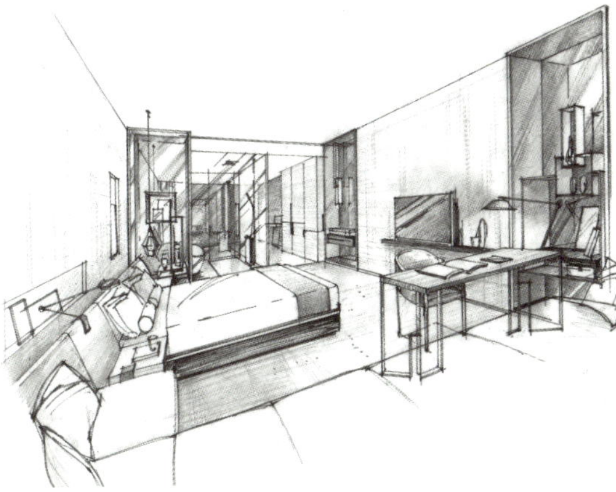

图 2-18　某酒店客房的设计概念

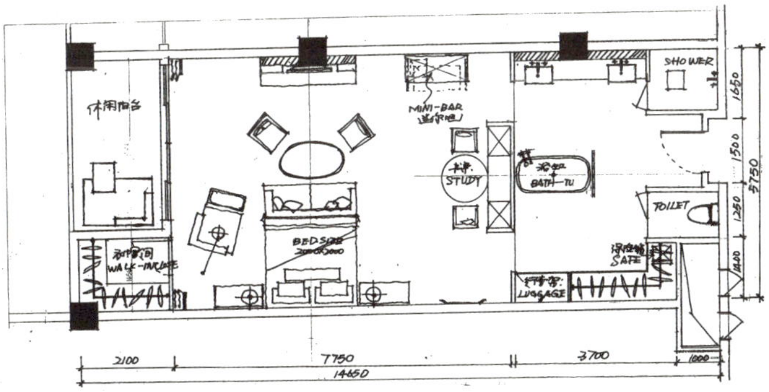

图 2-19　某酒店客房的平面布置图

②起居室客厅功能分析

起居室客厅是居住空间的重要组成部分，具有会客、团聚、家人娱乐、学习等功能，既是一个家的活动中心，也是一个家对外展示的重要部分。中国传统的客厅重视陈设的对称摆放，给人以庄重的感觉。这也是宾主内外礼仪之分很明显的一种软装。现代家庭的客厅已经随着房屋格局、生活方式的改变趋向多种风格、多种功能和可以各种娱乐放松的转变。如图2-20、图2-21是香港建筑师事务所 LAAB在28平方米的空间设计的多种功能的起居室空间、家具和装饰设计。

延伸阅读：
http://suzhou.zxdyw.com
http://info.upla.cn

图 2-20　室内（起居室）鸟瞰图

图 2-21　室内（起居室）各种功能展示

现代高层住宅的客厅设计一般包括玄关、鞋柜、沙发、电视或娱乐墙、茶几、收纳柜等。很多地产公司在设计样板房时就考虑了强大的收纳设计，尤其是玄关位置。客厅的家具软装等是主人兴趣爱好、文化素养、性格、职业的最好反映。客厅一般采用沙发、茶几、座椅等形成会客区；用电视柜或音响设备、电器等组成娱乐视听区；酒柜或其他储藏柜、吧台、吧椅等组成品酒休闲区。其间还可以布置各种软装饰，如地毯、绿植、酒具、挂画、灯饰等来烘托空间气氛，美化环境。客厅的软装布局最好简洁实用，家具用品、电器都可以收纳得井井有条，如图2-22客厅功能分析图。

③书房功能分析

书房是人们读书、学习的空间，随着电脑和其他影视业的发展，书房也是影视娱乐的空间。书房内常有“文房四宝”及香、茶等文雅的软装摆设，所以书房是一个特别有文人气质的空间。书房内主要家具有书桌（工作台）、书柜、座椅和沙发等，书桌和书柜组合式的家具可以围合成一个很好的工作环境，整体造型应简洁、和谐、使用方便，如图2-23书房功能分析图。体现书房文人气息的方式除了实用的软装饰品，还要有适当的点缀之物，如书法绘画作品、古玩等。以前的文人书房里还经常有合季节的“清供”：佛手、插花或装饰瓷器等。为了缓解工作阅读的疲劳，书房内建议放置一些绿色植物，为业主提供一个安静、舒适、充满书卷味的空间，便于在这个空间里写作、读书、思考。

④餐厅厨房功能分析

餐厅因不同的家庭或不同的烹饪方式，其布置方式也不同。它的主要功能家具有餐桌、餐椅、食具柜等。餐桌的大小依用餐人数而定，一般直径1.2m的圆餐桌可以坐6-8人，0.8mX0.8m的方餐桌一家3-4人吃饭就正好。圆餐桌可以使空间气氛柔和，方或长方形餐桌的使用和摆放比较方便，还可以根据需要选择折叠餐桌。餐椅的形状以及餐桌的大小都根据使用者使用时姿态轻松自如为好，没有太明确的限定数据和款式。（图2-24）

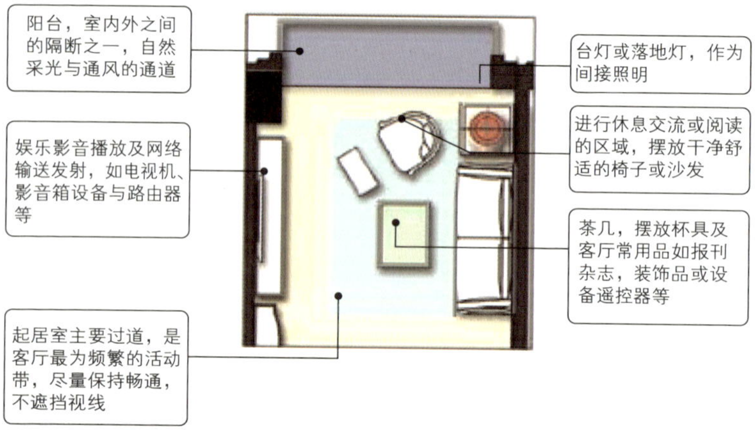

图 2-22　客厅功能分析图

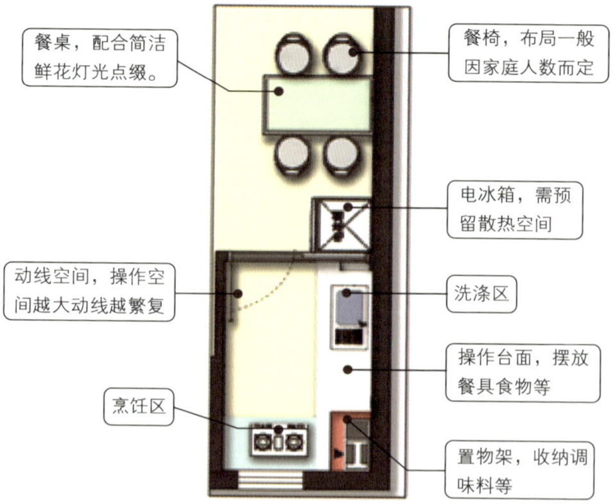

图 2-24　餐厅功能分析图

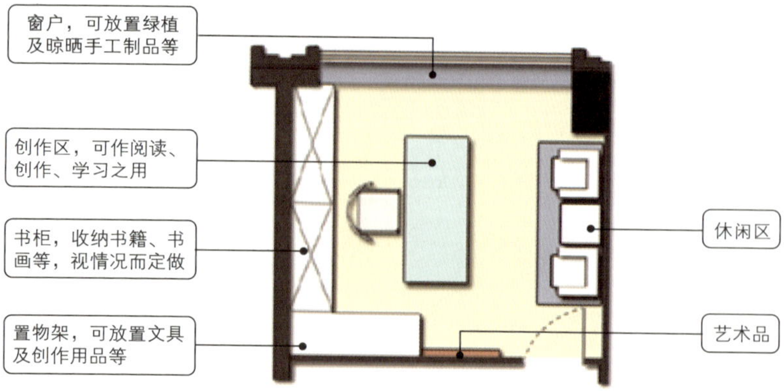

图 2-23　书房功能分析图

厨房与餐厅的样式体现“做”与“吃”的关系，厨房可以这样安排：从左到右分别是冰箱，然后是拿菜放置区，接着是洗菜区，然后是切菜区，最后是炒菜区。分区合理，操作流线一气呵成，减少家庭主妇来回奔波、浪费时间，能让烹饪更高效。为了让家庭主妇做饭时更舒适更方便，最好在洗切区设置窗户，使光线和操作者的心情都明亮。橱柜设计为符合家庭主妇使用的85cm高，厨房插座带开关和蒙蔽防水设计。此外，除了下侧橱柜，上方还可以配装吊柜，便于收纳，让厨房更整洁舒爽。（图2-25）

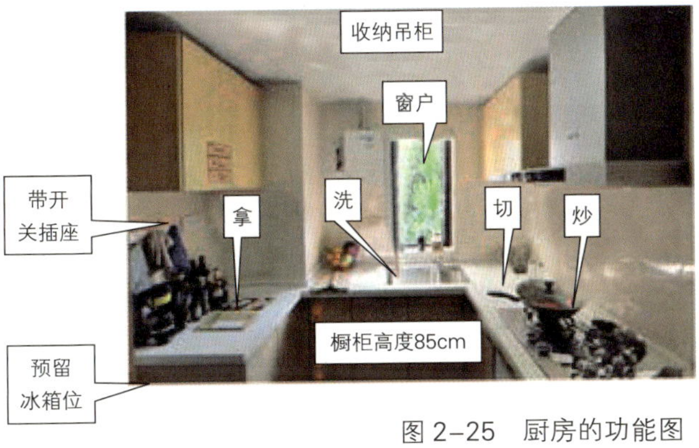

图 2-25　厨房的功能图

餐厅和厨房的软装主要是餐具、酒具、烛台、绿植、小工艺品等。这个区域的挂画或插花主题最好能烘托轻松舒适的就餐环境，灯光最好是暖色光线，可以让装饰照明直接照射在食物上，以刺激人的食欲。

图 2-26　卫生间功能分析图

⑤卫生间功能分析

卫生间是现代家庭中非常重要的一个功能空间，功能主要有盥洗、沐浴、如厕、化妆甚至看书、做头发等。市场上有各种造型的卫生洁具，可根据需要选取，适当地在卫浴装修上提高预算可以使以后使用更方便。卫生间设计注意做到干湿分离，洗漱台可以使用一体式台盆，无缝设计，让污水无缝可钻，没有卫生死角，易于清洁。洗手盆增加盆下柜体的收纳空间，储藏功能更强大。而台面上同样具有收纳设计，并可以预留吹风筒孔洞，让物品更加整洁有序（图2-26）。

（2）居住空间的空间处理

居住空间是个综合的空间，包含了展示主人品位与个人生活的空间。从这个意义上来说，居住空间的空间处理一定要遵循居住人的爱好习惯、行为特点以及社会地位等，合理有效地利用空间，通过空间的设计处理创造出和谐宜人的居住空间。

首先，居住空间的基本功能和设备要有合理的空间安排。居住人的日常活动特点与作息习惯等是空间处理的依据。如居住人喜欢看书写字，那么在空间布局中这一项一定要占有比较重要的位置和空间。居住人的社会属性也是空间布局的另一个依据，如一位小学教师的家，家里会经常进出小学生，空间设计就不能有太多局促的处理，应该开阔，易于打理。

其次，合理有效地利用空间，动静区域和公私区域要合理布局。动静分区主要是由居住人的日常生活界定，一般来说，客厅、餐厅、茶室等是群体活动和对外交流比较多的区域，属于动态区域；卧室、书房、卫生间等是比较私密的地方，属于静态区域。这些空间的处理要避免互相穿插，以免形成交叉干扰。合理有效地利用空间还有一个很重要的方法就是空间的多功能设计使用，如客厅与入口玄关的处理，鞋柜与玄关柜的结合，餐厅在不是就餐的时间可以被利用为家里女主人的女红操作台等。在城市居住空间的高度与面积都受到限制的大前提下，设计师一定要学会善于利用这些空间处理的方法，从而高效利用空间。（图2-27、图2-28）

图 2-27 灵动间隔

图 2-28 多功能隔断

（3）居住空间的艺术风格

居住空间的艺术风格与居住人联系特别密切，因为居住人的成长环境、教育与工作背景等有很大的差异。所谓艺术风格，是一种长久以来随着文化的潮流形成的一种持续不断、内容统一、有强烈独特性的文化潮流。特定的艺术风格基于不同的社会、文化、地理环境等背景所形成，对于室内设计师来说，了解室内设计艺术风格非常重要。室内设计的艺术风格基本上可以分为几大类，类别里再有细节流派的区别。一般东方式的以中式风格为代表，西方式的以欧式风格为代表，近代的我们统称为现代风格，也有追求自然主义的自然风格。

①中式风格

中式风格是以宫廷建筑为代表的中国古典建筑的室内设计艺术风格，一般具有气势恢弘、壮丽华贵、空间高、进深大、雕梁画栋、金碧辉煌等特点，造型讲究对称，色彩沉着，装饰材料以木材为主，图案多龙、凤等吉祥纹样，精雕细琢、瑰丽奇巧。空间上讲究层次，多用隔窗、屏风来分割，用实木做出结实的框架，以固定支架，中间用棂子雕花，做成古朴的图案。中式门窗一般是用棂子做成方格或其他中式的传统图案，用实木雕刻成各式题材造型，打磨光滑，富有立体感。天花以木条相交成方格形，上覆木板，也可做简单的环形灯池吊顶，用实木做框，层次清晰，漆成花梨木色。家具陈设讲究对称，重视文化意蕴与礼仪程序；配饰常用字画、古玩、卷轴、盆景、精致的工艺品加以点缀，显出主人的品位与尊贵，体现中国传统家居文化的独特魅力。（图2-29、图2-30）

②欧式风格

欧式风格是一种来自于欧洲的艺术风格，其根源来自埃及艺术、希腊艺术、罗马艺术、拜占庭艺术、哥特艺术。从文艺复兴时期开始，西方陆续出现了巴洛克风格、洛可可风格、帝政式风格等，标志着欧式风格的成熟。其中最为著名的莫过于巴洛克和洛可可风格。后来，新艺术风格和装饰艺术风格现代主义风格先后成为工业时代的世界主流。而按照地域分，主要

图 2-29

图 2-30 中式风格

有法式风格、意大利风格、西班牙风格、英式风格、地中海风格与北欧风格等几大流派。总的来说欧式风格就是欧洲各国文化传统所表达的强烈的文化内涵。

在一般住宅公寓项目中，用欧式风格，主要追求其浪漫、优雅的气质和生活的品质感。在国内很多室内设计项目中，欧式风格得以提炼，被称为简欧风格。（图 2-31）

图 2-31 欧式风格 / 朱瑾文设计

③现代主义风格

现代主义风格是比较流行的一种风格，非常注重居室空间的布局与使用功能的完美结合，追求时尚与潮流。现代主义也称功能主义，是工业社会的产物，建筑新创造、实用主义、空间组织、强调传统的突破都是该学派的理念，对现代主义风格有着深刻的影响。所以，现代主义风格具有简洁造型、无过多的装饰、推崇科学合理的构造工艺，重视发挥材料性能的特点。

现代主义风格的设计追求的是空间的实用性和灵活性。居室空间是根据相互间的功能关系组合而成的，而且功能空间相互渗透，使空间的利用率达到最高。空间组织不再是以房间组合为主，空间的划分也不再局限于硬质墙体，而是更注重会客、餐饮、学习、睡眠等功能空间的逻辑关系。通过家具、吊顶、地面材料、陈设品甚至光线的变化来表达不同功能空间的划分，而且这种划分又随着不同的时间段表现出灵活性、兼容性和流动性，如休憩空间和餐饮空间通过一个钢结构的夹层来分割，阁楼上的垂幔吊顶又限定了床的范围，这是典型的现代空间设计手法。

现代主义风格的居室重视个性和创造性的表现，不主张追求高档豪华。比如住宅小空间的多功能性是现代主义室内设计的重要特征。与主人兴趣爱好相关联的功能空间包括家庭视听中心、迷你酒吧、健身角、家庭电脑工作室等，这些个性化的功能空间完全可以按主人的个人喜好进行设计，从而表现出与众不同的效果。（图2-32、图2-33）

④自然风格

自然风格倡导“回归自然”，美学上推崇自然、结合自然，在当今高科技、高节奏的社会生活中，希望通过设计能使人们获得生理和心理的平衡，因此室内多用木料、织物、石材等天然材料，显示材料的纹理，清新淡雅。也可把田园风格归入自然风格一类。自然风格在室内环境中力求表现悠闲、舒畅、自然的田园生活情趣，设置室内绿化，创造自然、简朴、高雅的氛围。在这里，美没有标准，没有终点，只有通向自然灵魂的艺术之路。在自然风格的设计中“家”不追求富丽堂皇、金光璀璨，而是使人心境宁静的自然居所。自然风格适合文人雅士、热爱大自然、崇尚返璞归真的人群。（图2-34至图2-36）

图 2-32　现代风格 1/ 朱瑾文设计

图 2-33　现代风格 2 / 朱瑾文设计

图 2-34　自然风格 1 清乡 / 麦李宁、张晴朗设计 / 李东山指导

图 2-35　自然风格 2 清乡 / 麦李宁、张晴朗设计 / 李东山指导

图 2-36　自然风格 3

（4）居住空间的陈设设计

居住空间的陈设设计主要分为客厅、卧室、餐厅等几大区域。按一般家庭的生活起居来说，客厅属于家居空间中的公共区域，在陈设设计时要考虑一家人的共同兴趣爱好。卧室的陈设设计自由度比较大，可以充分尊重居住者的兴趣爱好：通常儿童房可以用色彩活泼的陈设物品，如玩具、色彩斑斓的仿生家具设计等；老人房就要充分考虑老人的活动特点；餐厅的陈设设计要营造舒适、调动食欲的气氛，如各种暖色调的食器、器皿等，在餐厅的墙壁上通常会配上绘画作品，如令人感觉轻松活泼的水彩画就非常适合。（图2-37、图2-38）

居住空间中陈设饰品的选择以家具、织物、灯具、装饰品甚至家用电器为主要选择对象。陈设的可变性也很强，不同的季节、时间的流逝、流行风尚的转变都是人们改变室内陈设的理由。（图2-39）

图 2-37　客厅陈设设计 / 叶嘉瑜设计 / 乔国玲指导

图 2-38　卧室陈设设计 / 叶嘉瑜设计 / 乔国玲指导

图 2-39　广州四季酒店客房室内陈设材料图

4. 实践程序

根据指定居住空间房型和平面结构图，居住空间设计的一般实践程序如下：项目的调查与研究、项目任务的解读与文案表达、空间设计创意与草图、空间设计三维效果表现、设计过程中的沟通与修正、作品发布与展示。

（1）任务一：居住空间项目的调查与研究

对于居住空间的项目调查与研究主要看委托方的具体情况要求，一般人不会有很清晰的概念来描述或展示需求，需要设计师的调查与引导。如图2-40、图2-41这两个项目的基本描述和整理，每个项目都是设计师具体调查和研究后得出的结论。

（2）任务二：项目任务的解读与文案表达

通过项目的调查与研究可以对项目有一定的解读与文案表达，这时的文案表达注意风格与形式的由来与具体描述。（图2-42、图2-43）

（3）任务三：居住空间设计创意与草图

居住空间的创意可以有很多种方式来表达，但最方便快捷的还是手绘草图。图2-44、图2-45是手绘草图表达初步构思与形式来源的例图。

（4）任务四：居住空间设计三维效果表现

（5）任务五：设计过程中的沟通与修正

通过与业主的进一步沟通，进行细节的纠正与功能的延伸设计，这一步骤的设计图已经算基本完工。如图2-48至图2-50就是该项目沟通后做的修改。

图 2-40　空间与客户分析 / 蔡嘉仪设计 / 乔国玲指导

007系列谍战电影是英国的经典之作，雾色蒙蒙的伦敦街头，冷峻的黑衣特工与美丽的金发女郎，硬汉的笔挺西装，女士的绸缎晚装，夜宴、枪战、绅士的儒雅，女郎的曼妙……永恒经典，英伦绅士风范的模版之作。

家庭成员	职业	年龄	特质爱好
男主人	80后新晋导演	38岁	喜爱英伦绅士文化中的高雅稳重，对悬疑、神秘的谍战电影有浓厚的兴趣
女主人	公关经理	37岁	作风干净利落的职场女性，业余爱好是阅读
男孩	学生	9岁	在外语学校念书，深受西方文化影响，富有冒险探索精神

图 2–41　样板房虚拟客户分析 / 袁莉设计

图 2–42　项目任务的解读

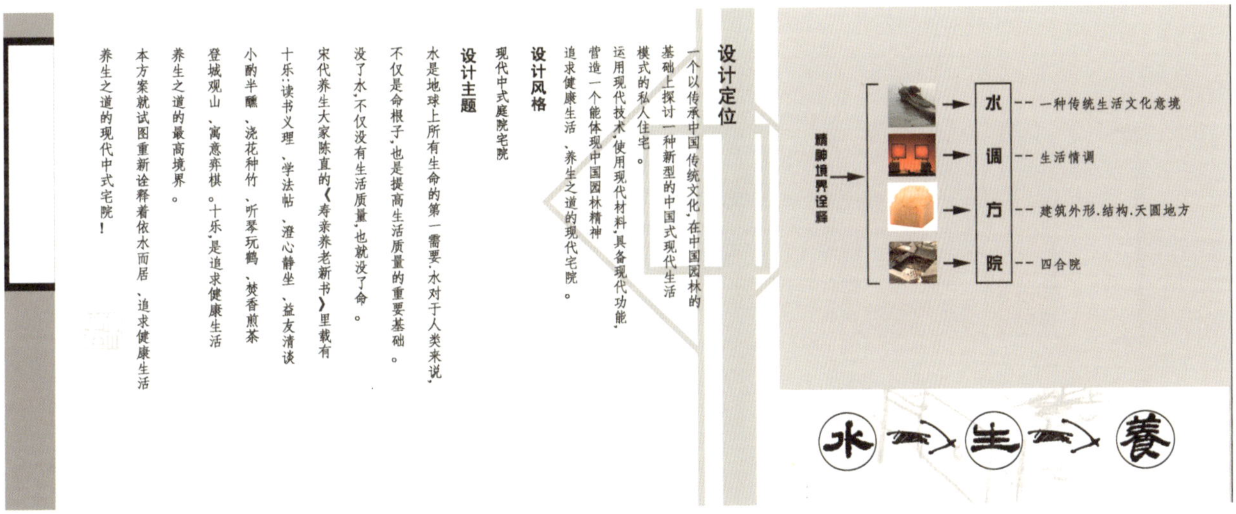

图 2–43　设计思路的文案表达

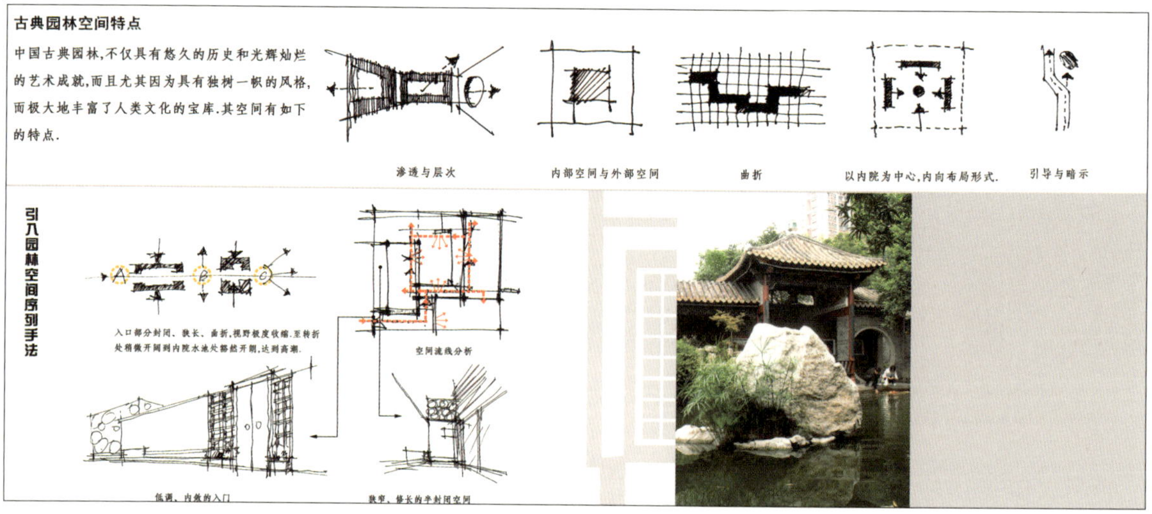

图 2-44　手绘草图表达初步构思与形式来源

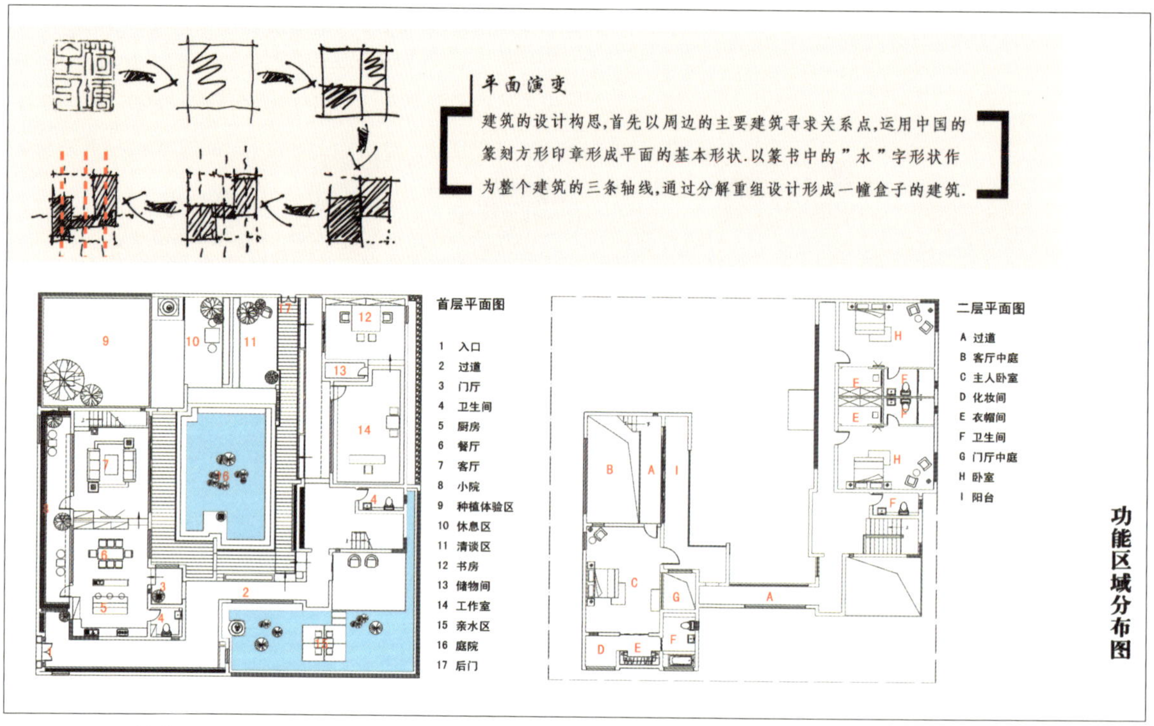

图 2-45　手绘草图表达功能区域分布

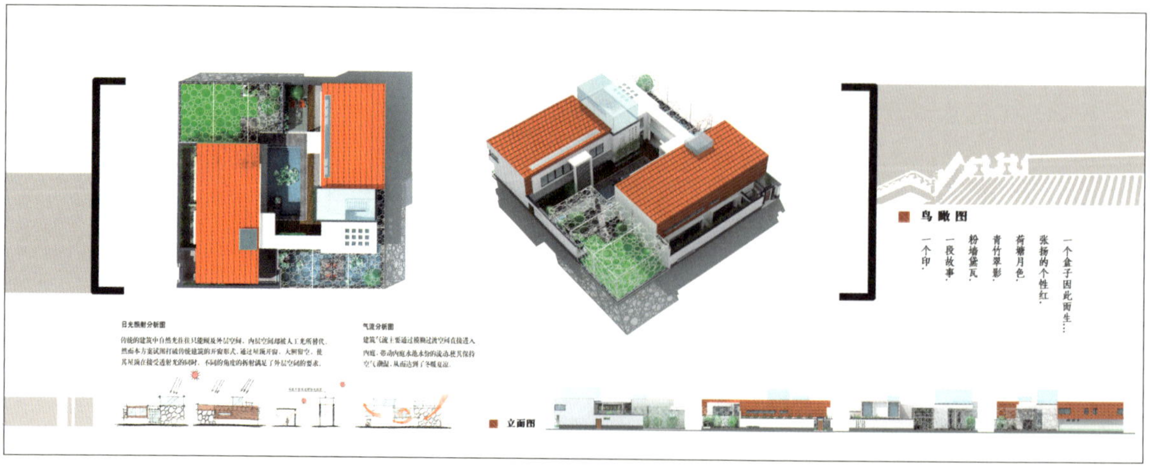

图 2-46　空间的三维效果表达

图 2-47 院落的三维效果表达

图 2-48 过道空间示意

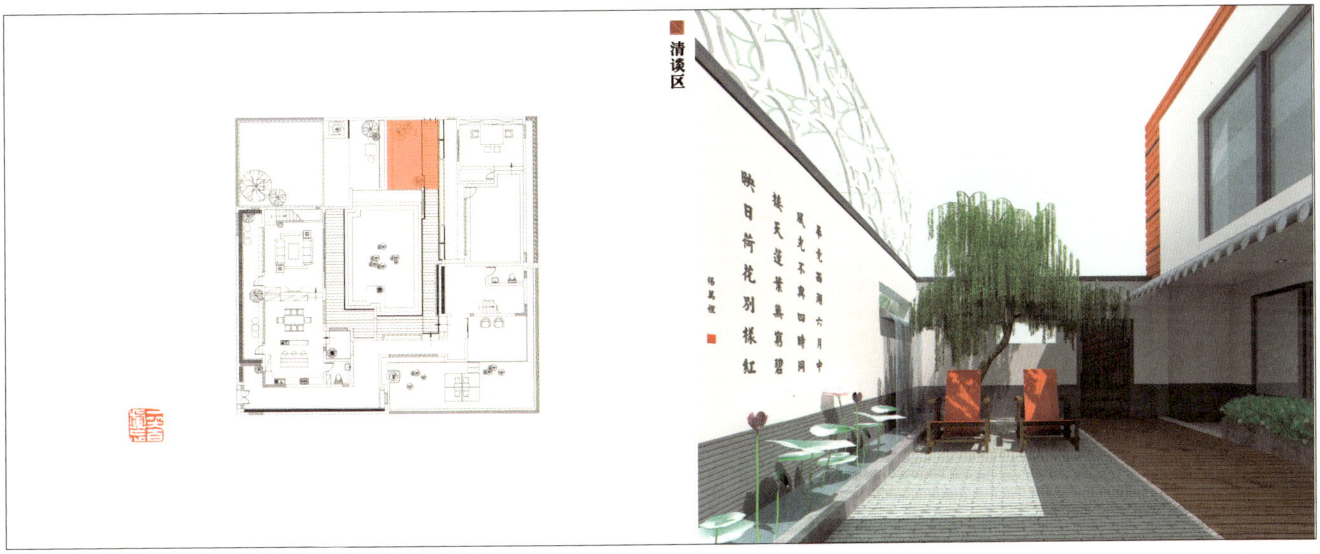

图 2-49 清谈区空间示意

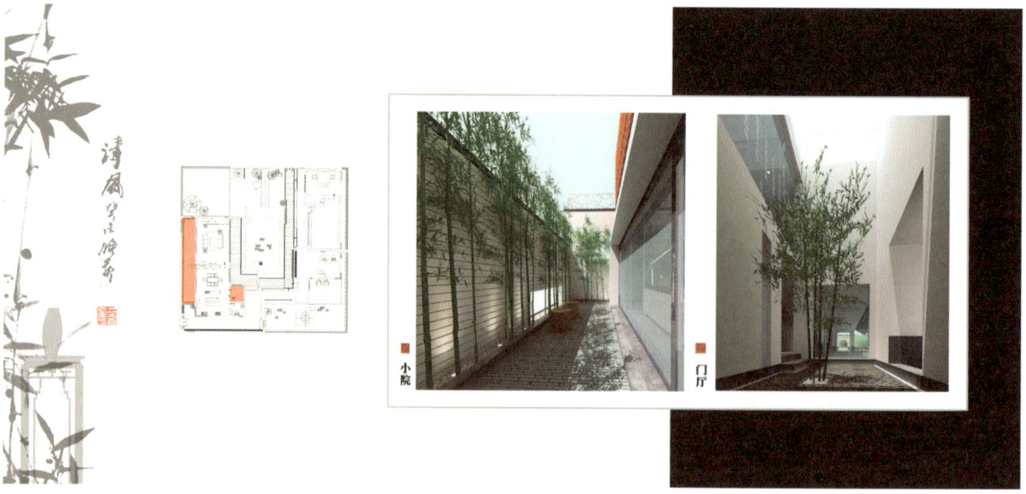

图 2-50 门厅与过厅空间示意

（6）任务六：作品发布与展示

设计发布与展示不仅仅用于给业主观看、参考完工后的样子，也是展示设计师实力的有效案例。现在作品发布的渠道特别多，可以在相关的专业网站与杂志上发表。如图2-51至图2-61是作品最后成果排版发布的效果。

图 2-51 亲水区空间示意

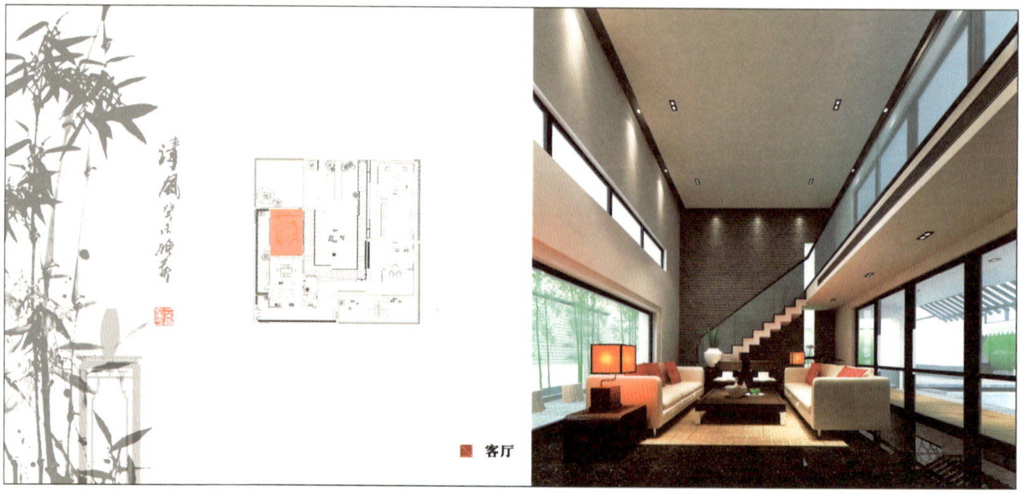

图 2-52 客厅空间示意

图 2-53 主人房空间示意

图 2-54 书画室空间示意

图 2-55 总体排版

图 2-56 四季酒店客房概念图

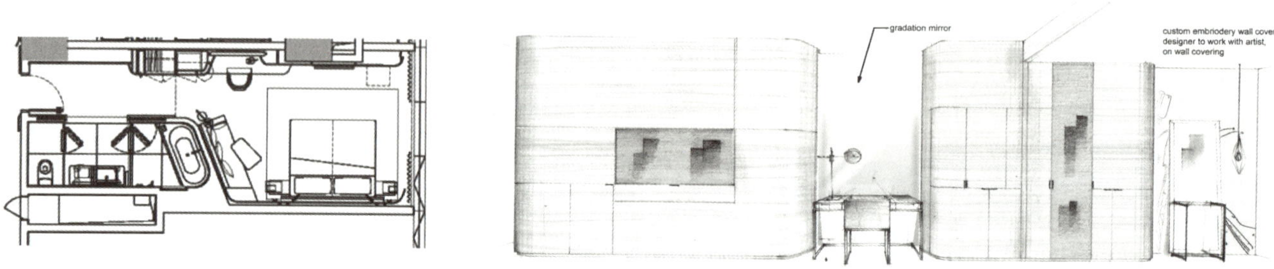

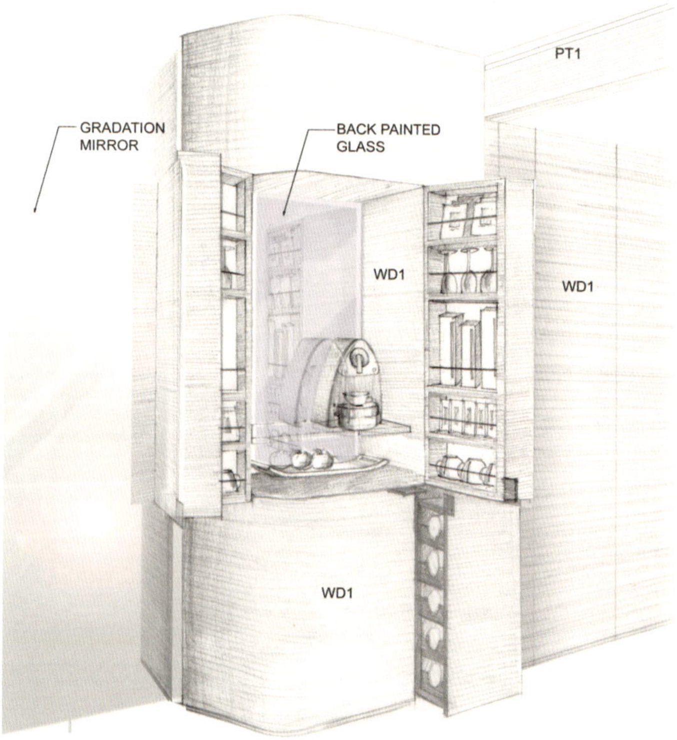

图 2-57 Yabu 广州朗豪酒店室内概念图

桃源山房

山水主题酒店

学生：韩锦丰　姚超溪
指导老师：么冰儒
广州美术学院

设计思路

在快节奏的生活中,人们内心迫切想要寻求古人提倡的诗意生活境界,回归古典,寻找更有诗情画意和品味的生活方式和生活态度。

《桃源山房》概念源于宋代画家李唐的《万壑松风图》，把传统的山水美学以隐喻抽象的方式重新演绎，山水是中国文化不可或缺的文化载体，在以自然之道为约束的人文地理和以山水为沉思对象的景观诗学为背景，以东意西境的设计手法，展现出一个具有现代感禅意空间，禅是中式独有的精神气质。宁静、空灵、质朴无暇、回归本真。

在汲取文学艺术基础上又加入了地域建筑文化，岭南建筑，因地理位置和气候环境影响,形成独树一帜的风格：“中西结合，古为今用”由于岭南是古代海上丝绸之路的要道，因而成为西方文明与华夏文明交流的窗口，岭南建筑文化颇具江南特色又兼具中西方建筑风格

设计背景

1. 中国高速发展的社会经济和人民生活水平的大大提高。随着广州的发展和人民生活水平的提高，来广州旅游、休闲度假的人越来越多。
2. 现今国际主义设计思潮的影响已经使诸多地域风格趋于同化，我们想再次发掘岭南特色，保留这个城市特征。
3. 现今国内大多酒店都是追求豪华和大规模化，而富有主题性和文化内涵的酒店比较少。

项目选址

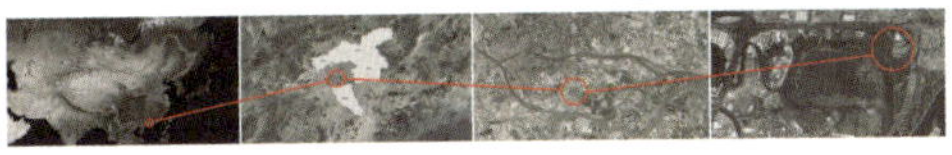

项目概况：该项目位于海珠湖右上角。海珠湖，位于广州市新中轴的南段，面积2248.3亩。中轴线北段展现的是现代化城市景观，中轴线南段则是由湖区、果园组成的“生态绿轴”。交通比较便利，有地铁和公交到达。离天河商业中心也近，距长隆欢乐世界、香江野生动物世界也仅4个地铁站

气候分析：广州属亚热带季风气候，夏长冬短，终年没霜雪，四季不明显；受季风，台风的影响较多。风向随着季节交替变更，夏以南风、东南风为主，风速较小；冬季大部分地区以北风、东北风为主，风速较大。年平均气温20~25℃，年降雨量1000mm

岭南元素

设计分析

万壑松风

大堂以宋代李唐作品《万壑松风图》作为文化背景来营造山水意境，表达中国古人所向往的山水田园生活，抽象和隐喻的设计手法将传统与现代元素融会贯通，大门墙面使用玻璃与木条结合，融入松林、远山、浮云元素，墙体向外倾斜15度，隐喻山体的磅礴，当阳光洒进室内，无数根木条形成变化多端的影子，希望达到“让光线参与设计”的理念。

曲水流觞

餐厅用了《曲水流觞》的典故，这一儒风雅俗，一直留传至今。当时，王羲之等在举行修禊祭祀仪式后，在兰亭清溪两旁席地而坐，将盛了酒的觞放在溪中，由上游浮水徐徐而下，经过弯弯曲曲的溪流，觞在谁的面前打转或停下，谁就得即兴赋诗并饮酒。这个概念使得本是世俗的空间变得雅致。

平面概念

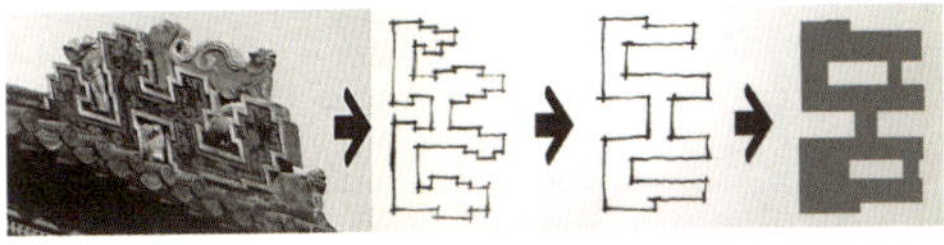

平面概念来自岭南传统建筑屋顶雕塑造型，直线曲折，与中式园林的布局不拘一格，曲径通幽有相似之处；平面图设有两个庭院，意为传承中国建筑三进三开的格局。

图 2-58　桃源山房主题酒店设计介绍

图 2-59　桃源山房主题酒店设计效果图 1

图 2-60　桃源山房主题酒店设计效果图 2

图 2-61　桃源山房主题酒店设计效果图 3

第二节 项目二——餐饮空间室内设计

1. 课程要求

项目介绍：餐饮空间室内设计属于专题设计，其概念不同于建筑设计和一般的公共空间设计，在餐饮空间中人们需要的不仅仅是美味的食品，更需要一种使人的身心彻底放松的气氛。餐饮空间的设计强调的是一种文化，是更高的精神追求。餐饮空间设计包括餐厅的位置、店面外观及内部空间、色彩与照明、内部陈设及装饰布置，也包括整体环境和气氛，注意利用有效面积，增加就餐区域，促进营业额的提升。餐饮空间设计需要对整个室内设计流程完全地把控。

项目名称：餐饮空间室内设计

项目时间：16课时

训练目的：通过特定的餐饮空间室内设计，让学生了解并掌握餐饮空间的基本设计流程与原则，熟悉设计方法、表达方式与表达能力。

教学方式：理论与实践相结合的方式。通过拟定主题，引导学生明确设计方向与设计方法。其中可以导入社会实践案例或邀请知名设计师参与，进行阶段性的设计介入，以集中讲解或公开评讲的方式来提高学生们的认识。

教学要求：教学方式多样，因材施教，注重实践操作和实际调研报告，注意设计表达与公开讲评。

作业要求：实际操作测绘、人流和物流动线分析、功能演进推理示意图、各类图纸的表达、设计模型、模型分析、设计分析项目报告书。

2. 设计案例一：“六合家宴”餐饮空间室内设计作品

（1）项目介绍

“六合家宴”项目位于广州市天河区珠江新城，是一家经营潮菜的岭南风格餐厅，由广州集美公司山田组吴宗敏主导设计。

（2）设计定位

整个餐厅以新岭南装饰风格为主导，追求一种新东方的餐饮空间概念，既要有传统要素，又要有现代气息。

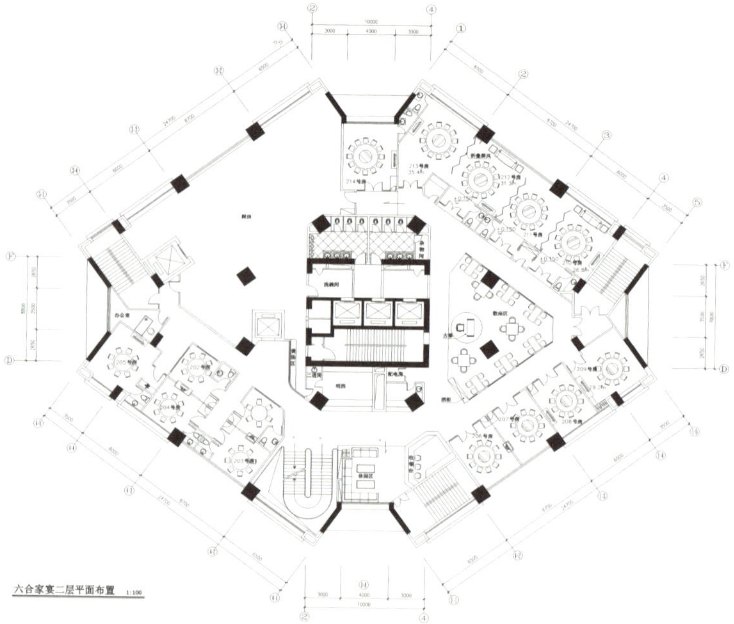

图 2–62　“六合家宴”二层平面布局

图 2–63　“六合家宴”室内空间的装饰要素

（3）设计构思

招牌设计以金色为主，烘托品牌形象。大堂的圆形天花造型与营业台背景“六合家宴”标志相互呼应，延续出传统、喜庆、祥和的气氛。散座就餐区精致与考究的设计完整地表现出古朴与现代相结合的新岭南装饰风格，木、藤、工艺玻璃相结合的造型隔断，由地面延续至天花，配上装饰吊灯，洋溢着家的团圆和温馨。在包房的设计上，岭南潮汕地区装饰风格更为显著，特别是在细节的处理上，注意局部与整体的统一，让传统与现代相融合。充分运用新型材料及灯饰效果，把空间环境渲染得高贵而又不失家的亲切。（图2–62至图2–63）

图 2-64 “六合家宴”的空间装饰风格

（4）文化特色

立面的处理融入了岭南风格的园林建筑特点，采用古朴的青砖清水墙面，点缀花格窗，将拱门造型作为室内装饰元素，种植岭南特有的植物，如棕榈树、芭蕉树等，让整体就餐空间更有地域文化特色。就餐区与休息区的分隔，采用一种虚实空间的处理方式，利用传统中式屏风作电视背景墙，用玛瑙做成的吊帘，让两个不同功能的空间互为整体又相对独立，房门用鸡翅木框架结合云龙纹工艺玻璃，搭配潮汕地区特有的门扣，使总体的设计风格在新岭南装饰风格的引导下，呈现出一幅岭南文化与饮食文化完美结合的画卷——岭南新韵。（图2-64）

设计案例二：“壹家饭馆”餐饮空间室内设计作品

（1）项目介绍

“壹家饭馆”是位于广州市白云区的快餐经营店铺，由梁龙同学主笔，陈天勋老师指导。（图2-65）

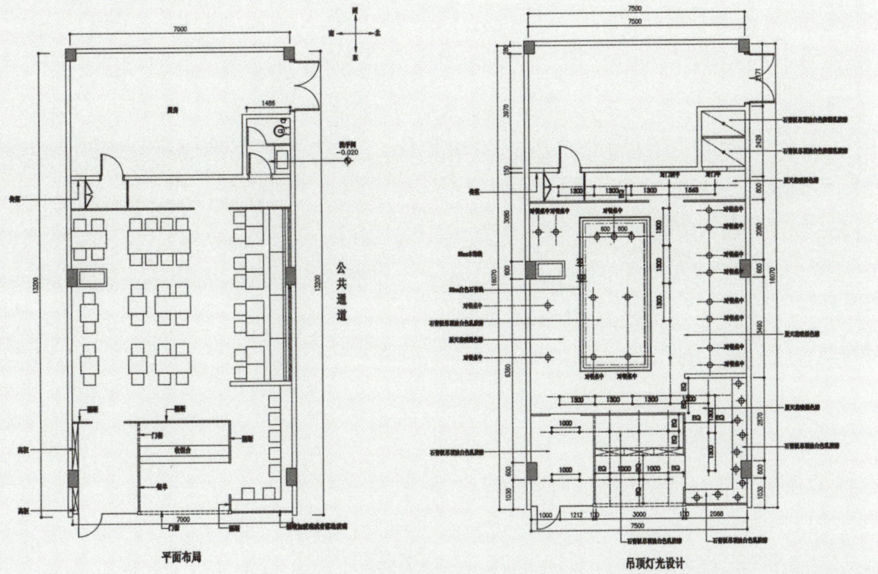

图 2-65 “壹家饭馆”平面布局和施工设计图

(2) 设计定位

快餐店是小本经营，“经济节约、空间丰富”是业主的普遍期望，这意味着可用于空间装饰的费用不多，但空间装饰要摆脱简陋，不追求格调，丰富而不堆砌，风格整体统一。(图2-66、图2-67)

图 2-66 “壹家饭馆”外立面设计

图 2-67 “壹家饭馆”内部装饰

3. 知识点

(1) 餐饮空间的基本要求

俗话说：“民以食为天”，管子也曾说过：“食、色、性也”，把“进食”看成是人类的本性之一。饮食在日常生活中占据着重要的位置，随着餐饮业的兴起，餐饮空间设计也应运而生。

餐饮行业体现着各国乃至地方的餐饮文化，并且在席卷全球的都市化潮流中，表现出强劲的成长与盈利能力。为了适应这一发展趋势，除了进一步讲究食物本身的营养成分和味、形、色之外，更应该创造出符合人们的生活方式和饮食习惯的餐饮类建筑空间和相应的环境气氛。餐饮空间设计的目的就是将餐饮与文化结合起来，使之成为人们享受美食和放松身心的场所。在餐饮空间设计中，还应考虑不同菜系的色、香、味等特色品味与不同特点，设计与之适应的就餐环境。

(2) 餐饮空间的功能构造

①主题餐饮空间

以饮食烹饪加工及消费服务经营活动为主的，并带有主题文化内容的餐饮空间，称之为主题餐饮空间。主要由如下几个类别构成：A. 各饭店、宾馆、酒店、会所、度假村、公寓、娱乐场所中的餐饮系统；B. 各营利性餐饮服务机构；C. 非营利性及半营利性的餐饮服务机构（包括企事业单位食堂、餐厅；学校、幼儿园的餐厅、医院餐厅）；D. 监狱餐厅；E. 军营的饮食服务机构。

②餐饮空间的功能

餐饮空间的功能一般分为：A、宴会餐饮空间—— 一般以庆典、举办大型活动为主，装修豪华。这类餐厅要求空间通透感较强，餐桌和服务通道要宽阔，可设固定或可移动的舞台。宴会厅与一般餐厅不同，常分宾主区，便于开展仪式、布置场地并营造气氛。 B、普通餐饮空间——主要是经营传统的高、中、低档次的中餐厅和专营地方特式菜系的餐厅，适应机关、企业接待和商务洽谈、小型社交活动、家庭团聚、喜庆宴请等。C、食街、快餐厅——主要经营传统地方小食、点心、风味特色小菜或方便、快捷的经济饭菜，适应简单、经济、方便、快捷的用餐需要。D、西餐厅——主要满足西式生活饮食习惯的餐厅。其环境为西式的风格与格调并采用西式的食谱，分传统主题和地方特色主题西餐厅和综合、休闲式西餐厅。E、休闲类餐厅——主要为顾客提供一个舒适的环境，可以看书聊天，供应餐食、酒类、咖啡、茶水、饮料或点心等。F、饮品小吃店——主要供应咖啡、茶水、饮料或点心等。（图2-68至图2-70）

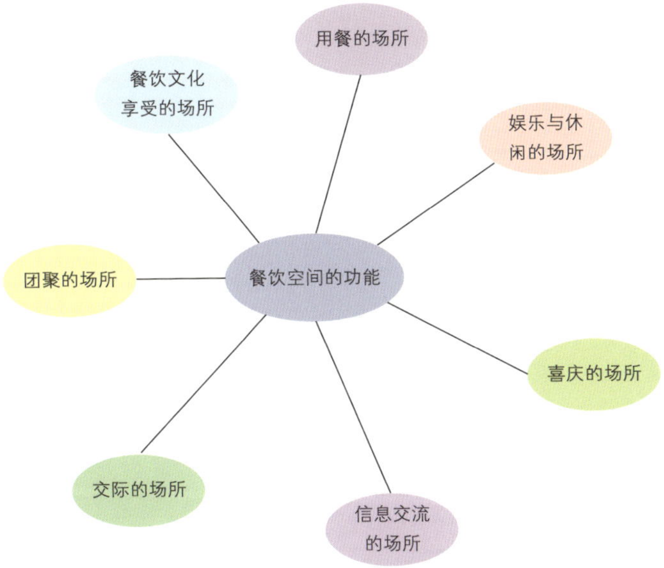

图 2-68　餐饮空间的功能

图 2-69　餐饮空间氛围

图 2-70　休闲类餐厅

③餐饮空间的功能分区与原则
餐饮空间主要分为餐饮功能区与制作功能区。

总体布局时，把入口、前室作为第一空间序列，把大厅、包房雅间作为第二空间序列，把卫生间、厨房及库房作为最后一组空间序列，使其流线清晰，功能划分明确，减少相互之间的干扰。餐饮空间分隔及桌椅组合形式应多样化，以满足不同顾客的要求；同时，空间分隔应有利于保持不同餐区、餐位之间的私密性不受干扰。餐厅空间应与厨房相连，且应该遮挡视线，厨房及配餐室的声音和照明不能泄露到客人的座席处。（图2-71、图2-72）

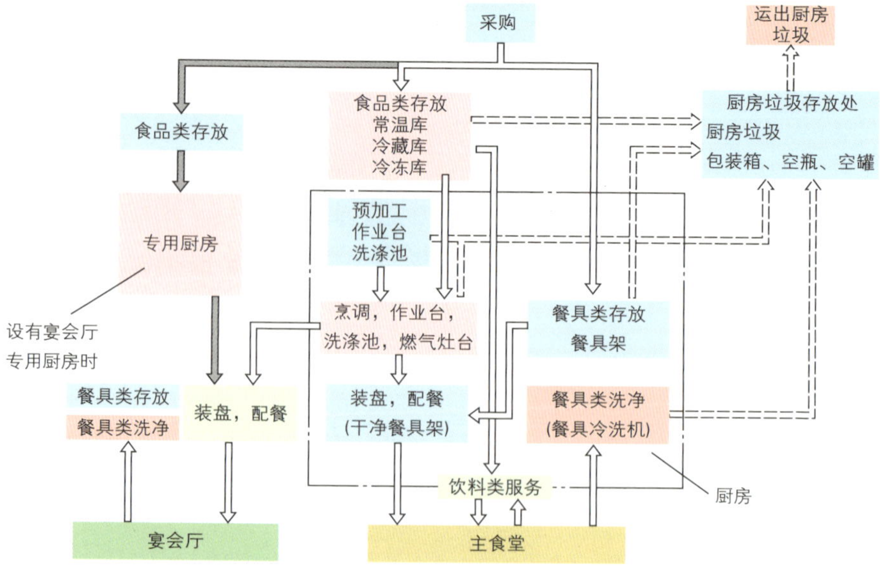

图 2-71　餐饮制作功能区域流程图

图 2-72　餐饮空间分隔及桌椅组合形式

餐厅与厨房距离不宜太远。因为食物经过较长距离的端送，容易丧失原有温度及香味；增加服务员的往返时间，降低工作效率；顾客等待时间太长亦会产生不愉快心理；用餐时间拖长，造成座位使用率降低，间接影响效益。

（3）餐饮空间的艺术设计

①顾客导向性原则
餐饮空间设计首先应根据市场定位，在以顾客为导向的前提下进行。“以顾客为导向”应该真正的了解顾客的需求，从最根本上给顾客以关怀。为客人创造一个好的生态环境。

②注重符合性及适用性原则
餐饮空间设计是餐饮经营的基础环节，包括店址确定、环境设计、平面设计、空间设计、造型设计及室内陈设设计等，必须以餐饮空间需要满足的功能为依据，以餐馆的经营理念为出发点。餐饮空间设计还应注意与当地的环境相适应。周边环境是餐馆设计的基本限制因素，要做到对环境了如指掌，并给予恰当的配合。

图 2-73 餐厅前厅的设计

③突出方便性、独特性、文化性、灵活性原则

方便性

餐饮空间设计除了要注重顾客的需要以外，还必须考虑服务与管理的便捷。就餐厅而言，产品及服务的生产、销售及消费基本上是在同一时间、同一场所发生的，顾客动线与员工动线紧密联系，无法割舍。所以，在考虑顾客的同时，也应尽可能的方便员工及管理者的工作。

独特性

餐饮空间设计的特色与个性化是餐馆吸引顾客的重要因素。设计与餐馆运营的脱节、主题性的缺乏，使一些餐饮空间的设计显得比较平庸，缺乏个性和特色。盲目堆砌高档装修材料，忽视个性风格塑造和文化特征是餐饮空间设计的大忌。（图2-73）

文化性

随着经济的发展，社会文化水平的普遍提高，人们对餐饮消费的文化性要求也逐步提高。无论是餐饮空间的建筑外形、室内空间分隔、色彩设计、照明设计乃至陈设品的选用都应充分展现具有特色的文化氛围，帮助餐饮企业树立品牌形象。

灵活性

餐饮业的经营秘诀在于常变常新，这一方面体现在菜肴口味的更新上，另一方面体现在餐饮空间的灵活调整上。因此，在设计餐饮空间时应注重灵活性。根据经常性、定期性、季节性以及与菜肴产品更新的同步性、适应性原则，通过对店面、空间布局、色彩、陈设、装饰等调整变更，达到常变常新的效果，如图2-74广州九龙冰室茶餐厅室内空间的灵活处理。

图 2-74 广州九龙冰室茶餐厅室内空间的灵活处理

④多维设计原则

餐饮空间是餐馆业主向顾客提供餐饮产品及服务的立体空间，不仅包括二维及三维设计，以人为服务对象，产品具有高情感性的特征要求餐饮空间设计应包括意境设计。意境设计是餐馆空间设计的核心和灵魂。（图2-75）

⑤动线设计的原则

餐厅的通道设计应该流畅、便利、安全，可以将动线区分成顾客动线、服务人员动线及物品动线三种。（图2-76、图2-77）

顾客动线

顾客动线设计应该流畅、便利，适宜采用直线，避免迂回绕道；服务路线不宜过长，尽量避免穿越其他用餐空间。

服务人员动线

服务人员的主要工作是端送食物，为达到最佳的工作效率，也应该采取直线设计，同时要避开顾客动线，以免与顾客发生碰撞。

物品动线

物品及食物原料的进出口及动线应与服务人员及顾客动线完全区分开来，应设计专用进出口及动线，并邻近厨房。

⑥面积与尺度原则

餐饮空间的面积一般以1.85m^2/座计算，其中中低档餐厅约1.5m^2/

图 2-75 桃花源餐厅平衡典丽的氛围

图 2-76 动线的流畅与整体氛围

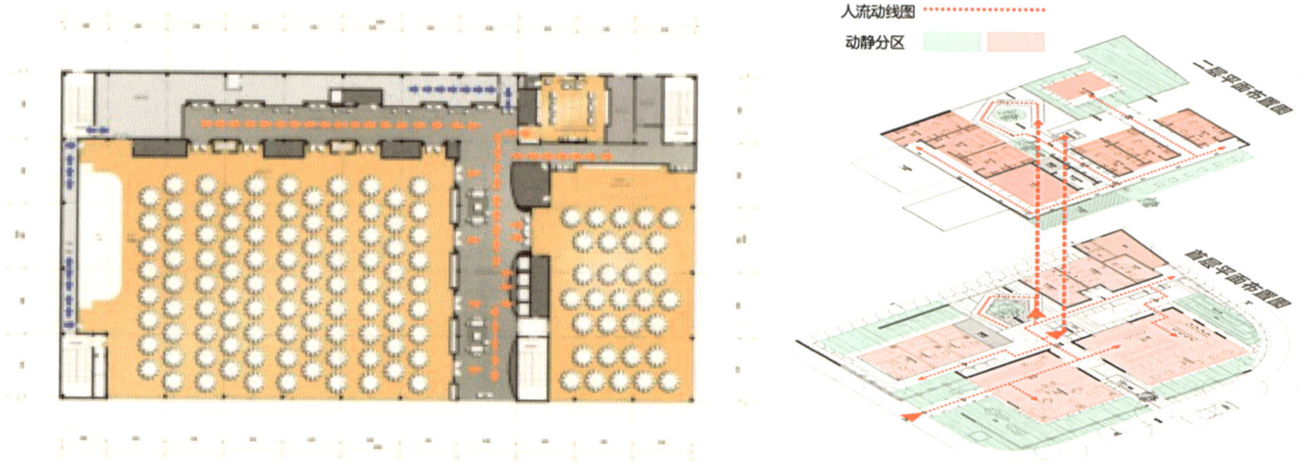

图 2-77 功能流线分析 / 周小云设计 / 钟志军指导

座，高档餐厅约2.0m²/座，指标过小会造成拥挤，指标过宽会增加工作人员的劳作活动时间与精力。影响面积的因素有：饭店或餐厅等级、餐座形式等。100座及以上餐馆和食堂的餐厅与厨房（包括辅助部分）的面积比（简称餐厨比）应符合下列规定： 餐馆的餐厨比宜为1：1.1；食堂餐厨比宜为1：1；餐厨比可根据饮食建筑的级别、规模、经营品种、原料贮存、加工方式、燃料及各地区特点等不同情况适当调整。

餐饮设施的常用尺寸

四人方桌900mmX900mm；四人长桌1200mmX750mm；六人长桌1500mmX750mm；八人长桌2300mmX750mm。圆桌直径：2~4人桌700mm~950mm（R400mm）；6人桌1100mm~1300mm（R600mm）；8人桌1300mm~1700mm（R750mm）；9~10人桌1400mm~2000mm（<R900mm）；12人桌1800mm~2200mm（R1000mm）；餐桌高720mm~760mm；餐椅座面高440mm~450mm；吧台固定凳高750mm，吧台桌面高1050mm，服务台桌面高900mm，搁脚板高250mm。

餐桌布置

餐桌布置应考虑桌布的形式美和中、西方的不同习惯，如中餐常按桌位多少采取品字形、梅花形，方形、菱形、六角形等形式，西餐常采取长方形、“T”形、“U”形、“E”形、口字形、课室形等。自助餐的食品台，常采用“V”形、“S”形、“C”形和椭圆形。（图2-78）

图 2-78 餐桌的不同布置

⑦空间的创意设计原则

餐饮空间的创意设计是餐厅总体形象设计的决定因素，由功能需要和形象主题概念而决定。餐饮功能区是主题餐饮空间中进行创意和艺术处理的重点区域，其创意设计应体现空间主题思想，是室内设计的延续和深化。

餐饮空间风格和意境根据经营的菜系来确定。一般分为东方式与西方式，在实际设计中有很多混搭的案例。（图2-79）

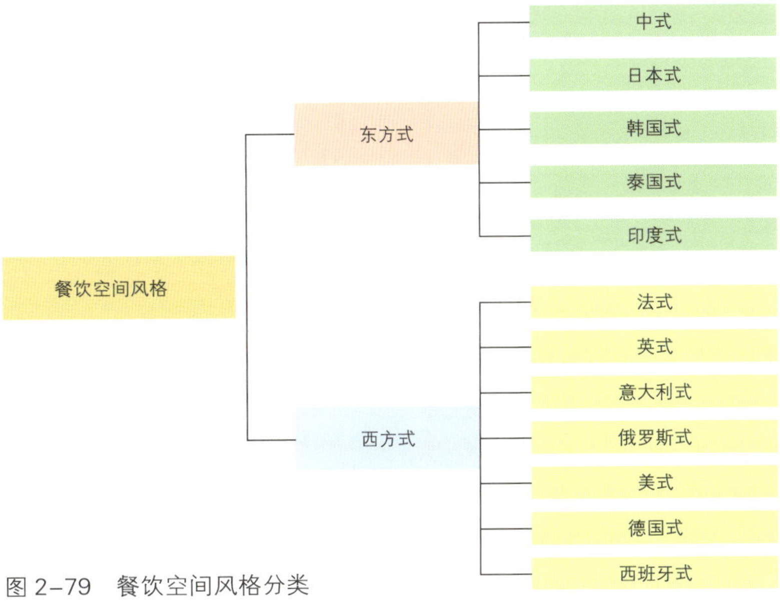

图 2-79 餐饮空间风格分类

（4）餐饮空间的陈设艺术

陈设是餐饮空间设计的一个重要组成部分，也是对餐饮空间组织的再创造。陈设是各种装饰要素的有机组合，对整个主题餐厅风格起到画龙点睛的作用，能直接地反映出当地的人文、地域特征，在某种意义上还能提高餐厅的文化氛围和艺术感染力。包括家具的陈设、织物的式样、艺术品摆放、绿化植物陈设、灯饰配置等，为餐饮空间设计锦上添花。（图2-80）

图 2-80　餐饮空间的陈设细节

餐饮空间陈设中的家具比较多，体量也较大，十分突出，因而其尺寸、颜色对于空间设计影响很大。一般小面积的餐厅利用低矮和水平方向的家具使空间显得宽敞、舒展；大面积、净空较高的空间则用高靠背和色彩活跃的家具来减弱空旷感。所以，家具的陈设、选择和布置方式，对于餐饮空间设计的整体效果有重要的作用。

图 2-81　餐饮空间陈设 / 乔国玲设计

艺术品由于陈设点的不同、大小不同、风格不同，对餐饮空间的气氛起到极其重要的作用。艺术品的选择和使用要根据餐厅整体的主题设计风格而决定。在风格古朴的餐厅内，铜饰、石雕、古董、陶瓷和古旧家具等是最好的艺术陈设品；在传统风格的中式餐厅中，青铜器、漆艺、彩陶、画像砖以及书画是最佳的装饰品；在主题

图 2-82　米兰餐厅中的植物陈设

风味餐厅中，可以选择具有浓郁地方特色的装饰艺术品，如潮州菜馆可摆饰大型的潮州木雕和贴金画银的木雕装饰物；如现代风格的餐厅，则摆设一些简洁、抽象、工业化强烈的现代风格的装饰艺术品。（图2-81）

绿化植物陈设是餐饮空间设计必不可少的组成部分。主要是利用植物本身并结合常见的园林设计方法，组织、完善、美化餐饮空间，协调人与环境的关系，丰富并升华餐饮空间。同时，植物可以作为空间的间隔，阻挡视线，围合成具有相对独立性的私密空间，如图2-82米兰餐厅中的植物陈设。

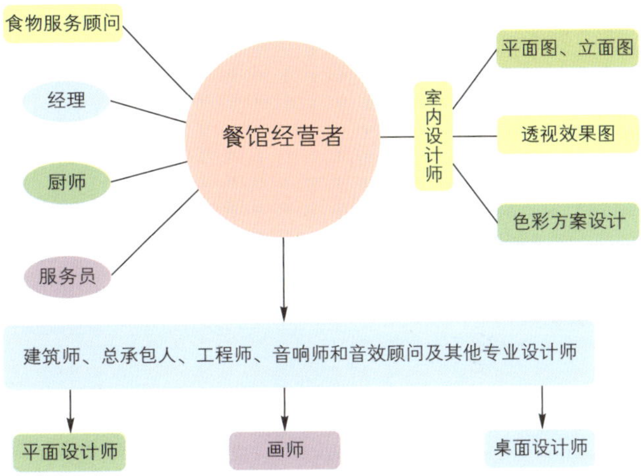

图 2-83　餐饮空间设计所涉及的人员分析

4. 实践程序

餐饮空间设计所涉及的人员（图2-83）

餐馆经营者

餐馆经营者对工程具有最终的财务责任，并且最早提出设计设想，主导和影响设计师的设计思想和创意。

厨师

厨师在设计中起着重要的作用，从实际使用的角度统筹厨房的布局和烹饪设备的摆放，保证功能的实现，使设计更加合理并提高工作效率。

经理

餐馆经营中的主要管理者，能够从餐馆空间整体的角度来审视设计方案的合理性。

食物服务顾问

负责整个餐馆的后部运作，从食品科学化、艺术化的角度，将餐厅的内容加以完善，烘托出文化餐饮的气氛，如图2-84所示世界各地风味的餐席摆设。

服务员

为顾客提供服务

室内设计师

主要是对餐饮空间的功能布局、气氛的营造以及陈设装饰负责。室内设计师应提供给甲方的设计内容如下：平面图、立面图、地面铺装图、顶棚设计图、灯光设计图等全套的技术图纸；透视效果图、家具及配件设计图；色彩方案设计、材料及装修的详细说明书和全部家具的详细说明书。

建筑师、总承包人、工程师、音响师和音效顾问及其他专业设计师

平面设计师负责整体的CI设计，如广告、标识、菜单等。画师负责为餐饮空间提供符合其主题要求的画作，桌面设计师负责餐桌桌面的摆放设计等。

图 2-84　世界各地风味的餐席摆设

（1）任务一：餐饮空间项目的调查与研究

就餐环境是餐饮营销的重要手段之一，在从事经营或设计之前，必须进行市场调研，如不能满足市场的需求，再壮观的设计、再诱人的食物、再好的服务都不能保证经营的成功。经营者和设计师应从设计与商业经营的双重角度进行前期的考察与分析。（图2-85至图2-87）

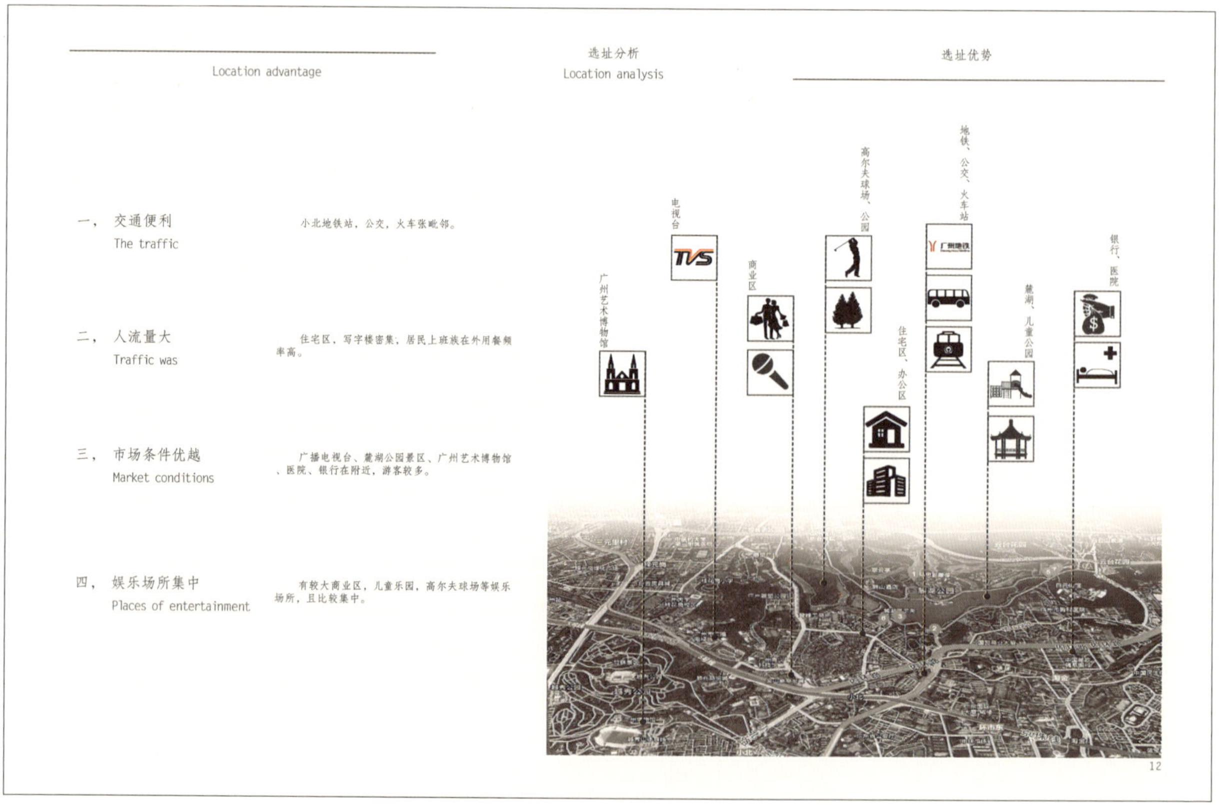

图 2-85　陶然轩中餐厅设计分析 / 许华荣、林婷婷、余巧倩设计 / 杨思宇指导

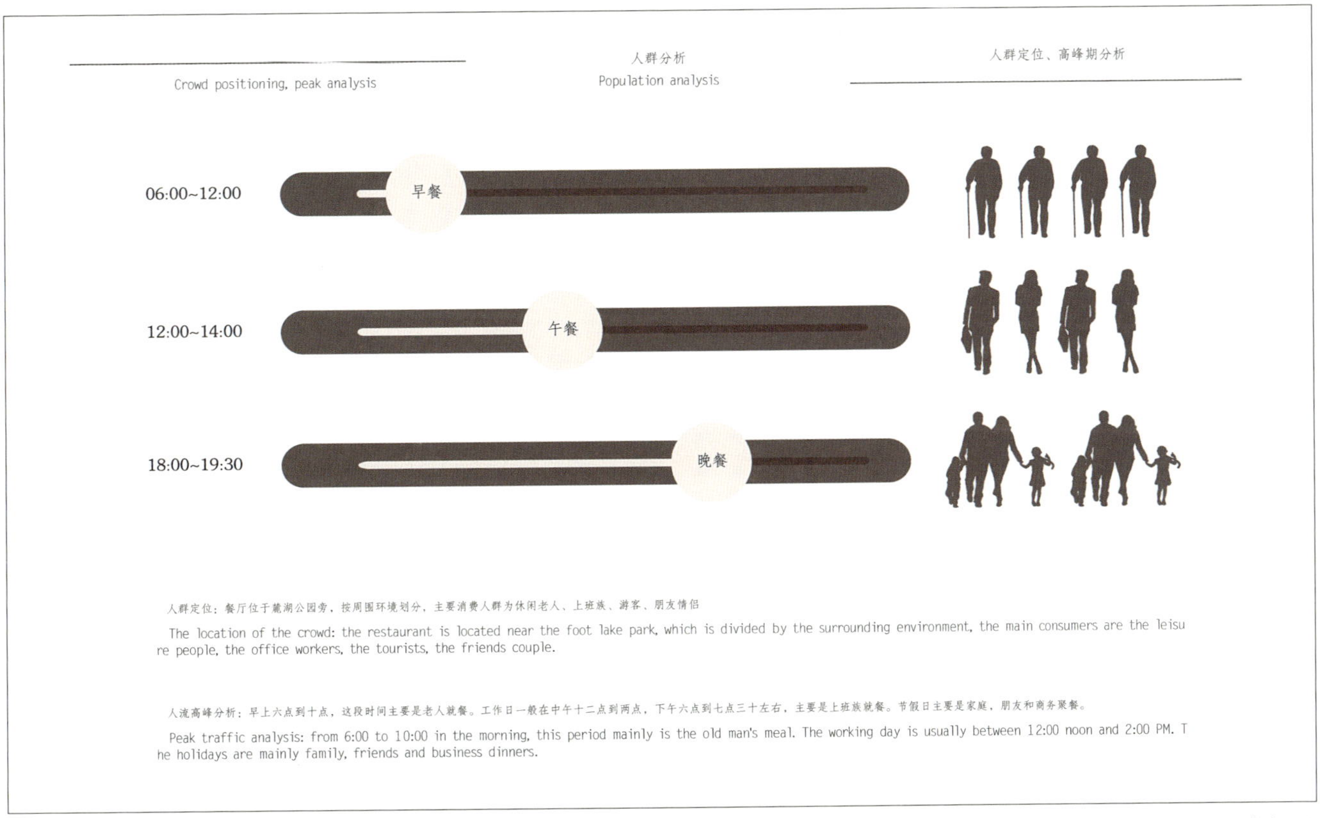

图 2–86　陶然轩中餐厅人流时段设计分析 / 许华荣、林婷婷、余巧倩设计 / 杨思宇指导

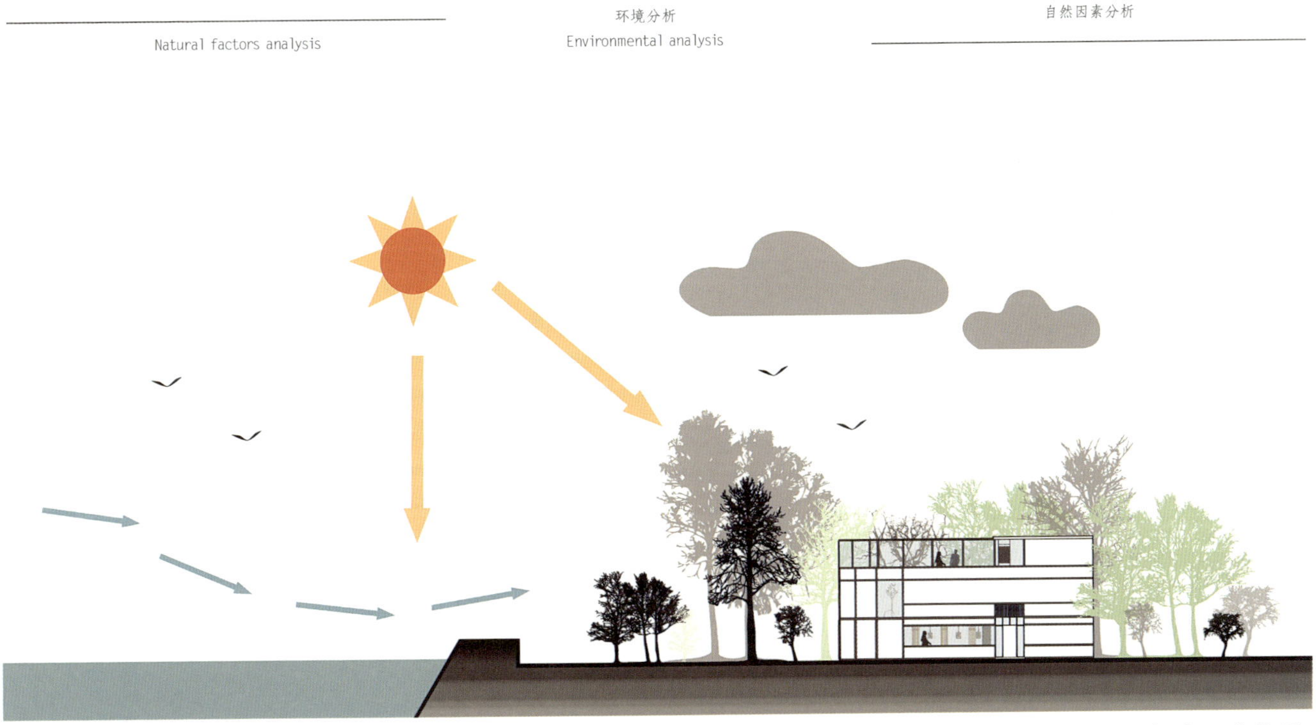

图 2–87　陶然轩中餐厅设计日照风向分析 / 许华荣、林婷婷、余巧倩设计 / 杨思宇指导

①调查、了解、分析空间情况和投资数额；
②进行市场的分析与研究，明确顾客的消费定位和经营形式；
③充分考虑并协调原有建筑、空调设备、消防设备、电器设备、照明灯饰、厨房、燃料、环保、后勤等因素与餐饮空间设计的配合。

（2）任务二：项目任务的解读与文案表达

熟知现场 →了解投资→分析经营→ 考虑因素→决定风格→创意方案图 → 审核修整 → 设计表达（平面图、立面图、结构图、效果图、设计说明等）→ 材料选定→跟进施工→ 装饰陈设 →家具等细节摆放→调整完成。（图2-88至图2-90）

图 2-88 陶然轩中餐厅设计材料分析 / 许华荣、林婷婷、余巧倩设计 / 杨思宇指导

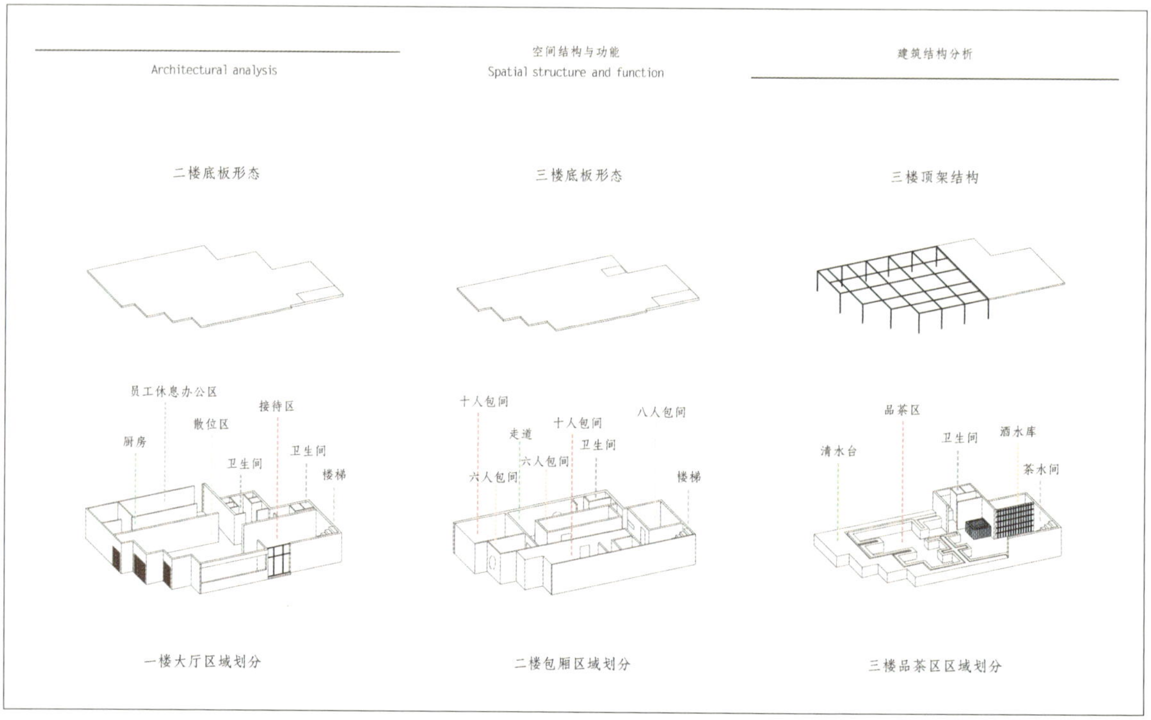

图 2-89 陶然轩中餐厅空间结构设计 / 许华荣、林婷婷、余巧倩设计 / 杨思宇指导

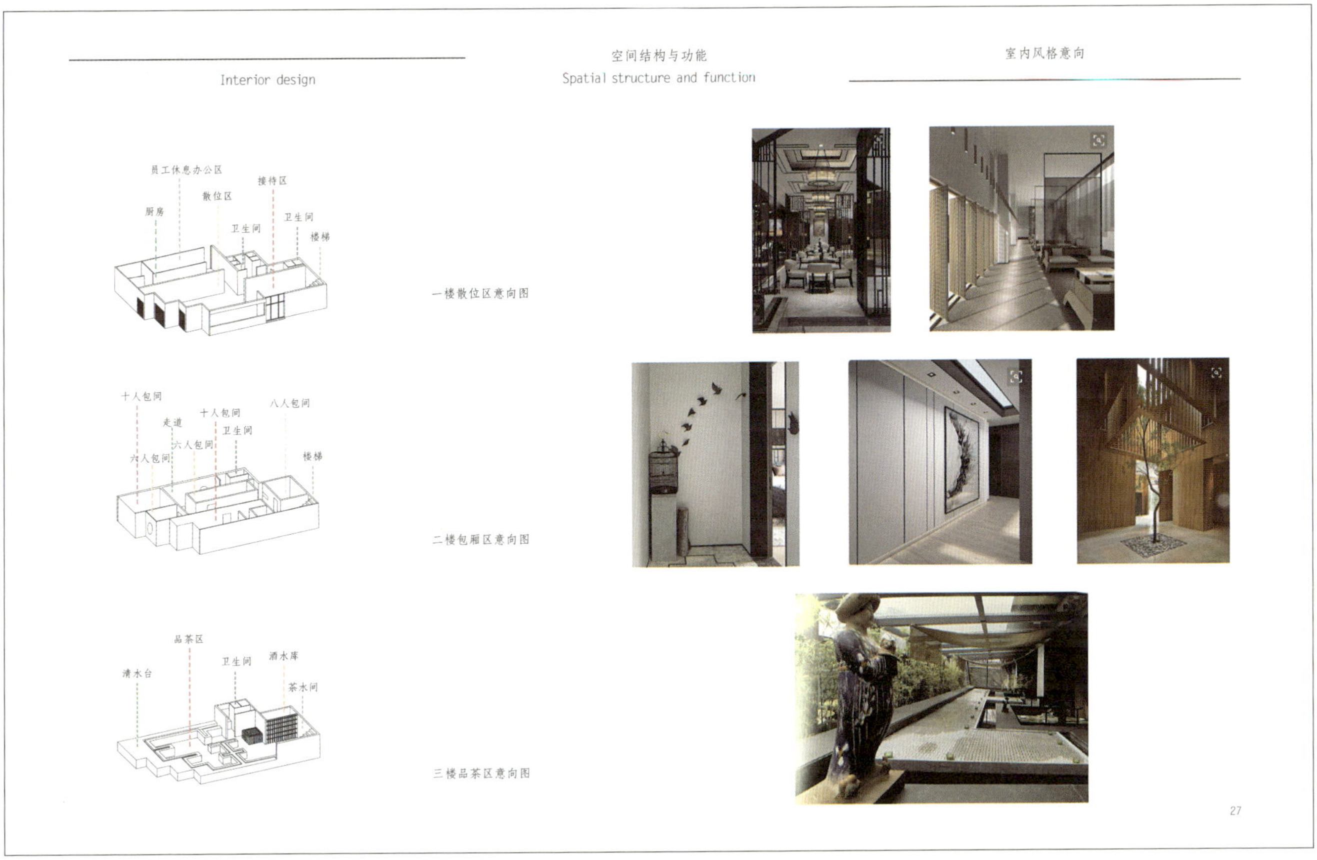

图 2-90　陶然轩中餐厅空间设计 / 许华荣、林婷婷、余巧倩设计 / 杨思宇指导

（3）任务三：餐饮空间设计创意与草图

确定主题风格、表现手法和主体施工材料，根据主题定位进行空间的功能布局，并制作创意设计方案效果图和创意预想图。创意设计草图可用手绘或草图大师等软件表达。（图2-91）

（4）任务四：餐饮空间设计三维效果表现

餐饮空间设计与一般的室内设计不同，不单是经营者或设计师的个人行为，而是具有综合因素的社会行为，是一个需要与各个部门协调配合的综合设计。餐

图 2-91　陶然轩设计方案手绘草图 / 许华荣、林婷婷、余巧倩设计 / 杨思宇指导

饮空间主要由餐饮区、厨房区、卫生设施、衣帽间、门厅或休息前厅等构成，这些功能区与设施共同构成了完整的餐饮功能空间。各个空间不仅要考虑各自的功能，而且应该考虑各个空间在功能上的整体配合，以达到预期效果。

施工图的扩初设计和图纸的制作

如平面图、开花图、地坪图、灯位图、立面图、剖面图、大样图、轴测图、效果图、设计说明、五金配件表等。（图2-92至图2-94）

图 2-92　陶然轩设计方案三维效果图 1 / 许华荣、林婷婷、余巧倩设计 / 杨思宇指导

图 2-93　陶然轩设计方案三维效果图 2 / 许华荣、林婷婷、余巧倩设计 / 杨思宇指导

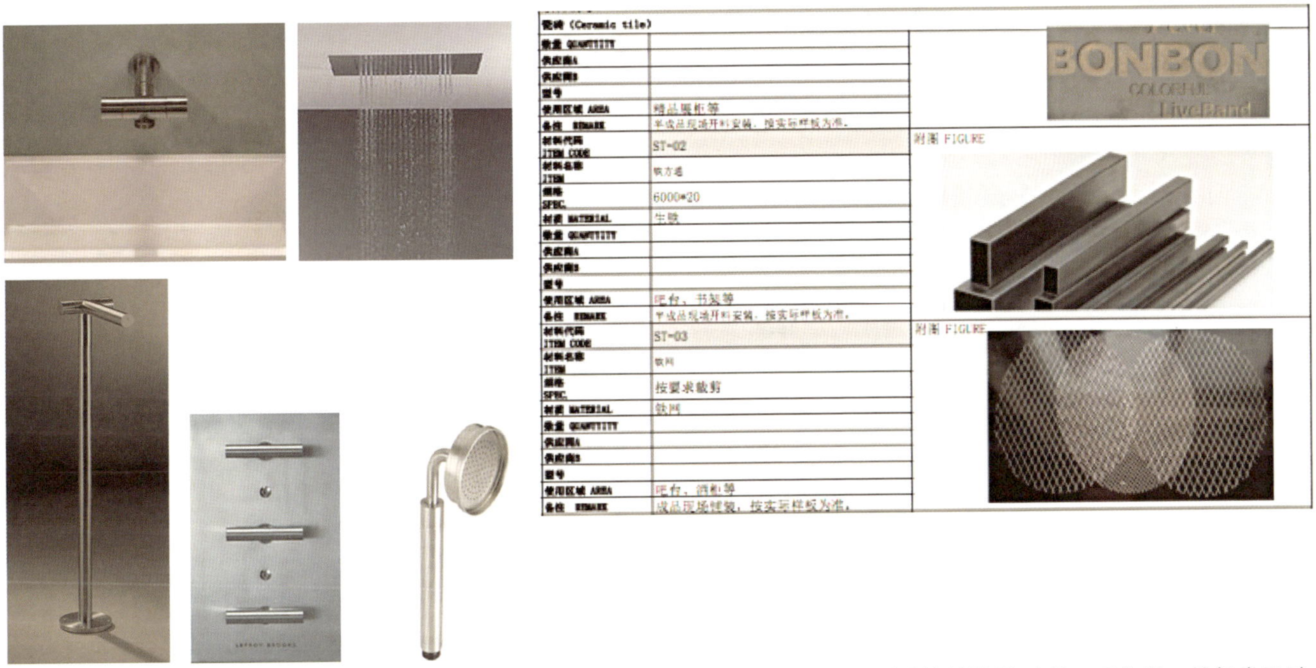

瓷砖 (Ceramic tile)		
数量 QUANTITY		
供应商A		
供应商B		
型号		
使用区域 AREA	精品展柜等	
备注 REMARK	半成品现场开料安装，按实际样板为准。	
材料代码 ITEM CODE	ST-02	附图 FIGURE
材料名称 ITEM	钢方通	
规格 SPEC.	6000*20	
材质 MATERIAL	生铁	
数量 QUANTITY		
供应商A		
供应商B		
型号		
使用区域 AREA	吧台、书架等	
备注 REMARK	半成品现场开料安装，按实际样板为准。	
材料代码 ITEM CODE	ST-03	附图 FIGURE
材料名称 ITEM	钢网	
规格 SPEC.	按要求裁剪	
材质 MATERIAL	铁网	
数量 QUANTITY		
供应商A		
供应商B		
型号		
使用区域 AREA	吧台、酒柜等	
备注 REMARK	成品现场焊接，按实际样板为准。	

图 2-94　装修材料样板与表格 / 王文举、林超常设计

（5）任务五：设计过程中的沟通与修正

设计师需要根据创意设计方案效果图和创意预想图，和甲方一起会审、修整、定案。（图2-95）

图 2-95　餐饮空间设计实例

（6）任务六：项目发布与展示

KASA（家香）位于香港中环，其经营理念是：“健康，外带，无国界融合料理”。

设计师Lim和Lu对KASA的设计理念始于对香港文化含义的探索。茶餐厅，传统市场和霓虹灯璀璨街景的构想立刻浮现在设计师的脑海。茶餐厅是香港人用本地美食满足他们胃口的餐厅，这些场所塑造了香港的本土建筑。

由于业主希望给顾客传递“新鲜”这一特质，设计师选用了香港传统市场中常用的吊灯，以代表传统市场的新鲜——每天都会摆卖当日渔获及新摘的果蔬。这些灯只是一个小细节，但设计师希望通过这些灯具促使顾客回忆起熟悉的画面。

霓虹灯充斥着香港的街景，这些扭曲的发光的玻璃管已经成为了香港DNA的一部分。受此启发，设计师在厨房上方设计了一个“健康饮食”的标识。（图2-96）

卡座、镜子、瓷砖墙和地板是赋予餐饮空间魅力和个性的常见元素。设计师从茶餐厅瓷砖入手，仅使用绿色和粉色奠定了餐厅的基调，这两种颜色进一步加深了新鲜和年轻的概念。（图2-97、图2-98）

设计师希望将KASA融合式美食的概念融入到室内设计中，所以运用对比鲜明的材料进行设计，即采用常用于中国餐馆的材料，搭配西方餐厅中的元素——天然的马赛克搭配精制大理石。

KASA的主要客户群体是匆忙的午餐人群，需提供方便快捷的食物。为支援这一概念，设计师安装可完全折叠的折叠门将门头最大化，使餐厅变成了街道的延伸。一进门，顾客仿佛看到了另外一个建筑立面，人们可通过此立面的窗户从上面窥探室内，模糊了室内和室外的界线。（图2-99）

图 2-96　茶餐厅中传统市场方案和霓虹灯的结合

图 2-97　座位区

图 2-98　餐厅的色调

图 2-99　茶餐厅空间

第三节 项目三——办公空间室内设计

1. 课程要求

项目介绍：本项目属于室内设计专业的专题设计。办公空间因每间公司经营的性质、办公方式的不同会有较大的区别，办公空间的设计需要对室内空间结构与办公功能的结合综合考虑，另外需注意色彩光线的应用。在办公空间设计中要特别注意办公模块、办公家具、人体工程学等的实际应用，以及公司形象在设计中的体现。

项目名称：办公空间室内设计

项目时间：16课时

训练目的：通过特定办公室内空间的设计，让学生了解、掌握基本的办公空间设计流程与原则，熟悉办公空间的设计方法、表达方式，清楚办公家具的细节，培养整体设计方案的表达能力。

教学方式：理论与实践相结合的方式。通过实践考察，引导学生明确设计方向与设计方法。导入社会实践案例和实际公司成立工作坊的形式，进行设计介入，公开评讲和与甲方沟通、评价的方式来提高学生的认识。

教学要求：教学前一阶段以理论讲解为主，之后主要是实践操作环节。具体因每位同学理解情况不同进行不同的辅导，注重实际操作、模型制作等设计表达。

作业要求：调研PPT、案例分析、功能演进推理示意图、效果图等各类图纸的表达、空间模型分析、设计分析项目报告书。

2. 设计案例一：设计公司办公空间室内设计作品

室内设计——白盒子与木盒子：如恩设计研究室与设计共和办公区

余庆路88号原本是法租界内的一栋五层办公楼。底楼入口两侧的木制外立面构成了大楼的基础，其中一侧沿街道舒展，与玻璃隔断组成设计共和新展厅的外墙，另一侧向内延伸，指引着通向楼上办公空间的电梯与楼梯入口。底层敞开式的展厅成为街道的延伸，二楼之上的深色外立面仿佛是突出之后的裁切，极具立体感。

白盒子——设计共和办公区

在新的设计共和空间内，木制“盒子”被穿透，显露出构成展示区域的白色“盒子”。二楼的陈列室里有厨房，装配整套Miele的设备。进入三楼设计共和的办公空间要穿过一个橡木“盒子”。个人办公室采用玻璃墙隔断，和原在外滩5号的设计共和办公室一样。“黑盒子”与木质墙面，无论配色还是风格搭配都非常到位。白色的公共区域给人干净明亮的感觉，“白盒子”可以从视觉上拓展空间。白色墙面本是干净整洁的，但是梁柱暴露的顶棚充满了沧桑感，这种对比反差表现了设计师的良苦巧思——设计公司的室内更应该与众不同。

木盒子——如恩设计研究室

四五两层是如恩设计研究室的办公空间，垂直方向打通楼面贯穿，水平方向是一道连接桥梁。在五楼的“桥边”透过玻璃墙俯视，便是四楼的会议室——由叠起来的两个“盒子”组成的房间，木盒子在上，白盒子在下。“木盒子”的会议室，整体风格简约实用，但木纹理又充满了肌理感，有较高品质。木材质与玻璃材质的搭配组合非常现代，玻璃隔断的独立小接待区既私密又不会破坏整体的空间感。（图2-100、图2-101）

图 2-100 如恩设计研究室与设计共和办公区 1

图 2-101　如恩设计研究室与设计共和办公区 2

设计案例二：地产公司办公空间室内设计作品

（1）项目要求

该地产公司办公空间由刘培旺、陈启迪设计，乔国玲老师指导，具体要求如下

办公面积：室内402m²；室外128m²

设计要求：行政人力14人；集团财务23人，总监需要独立办公室，其余设计为开放办公，15人左右的会议室1间，8人贵宾接待室1间，库房1间，财务资料室1间，以及洗手间及茶水间等。

风格要求：体验公司文化，有品位、有内涵。

（2）设计规划

经过对使用者与原建筑空间的分析，设计师对总平面做了以下一些规划：独立办公室靠窗分布，便于采光透气；开放式办公区分区合理，流通畅顺；公共会议室、茶水间使用方便；合理利用每一处空间，避免死角位；总体设计风格简约，体现东方韵味，简单而有品位。（图2-102至图2-112）

图 2-102　三维效果图

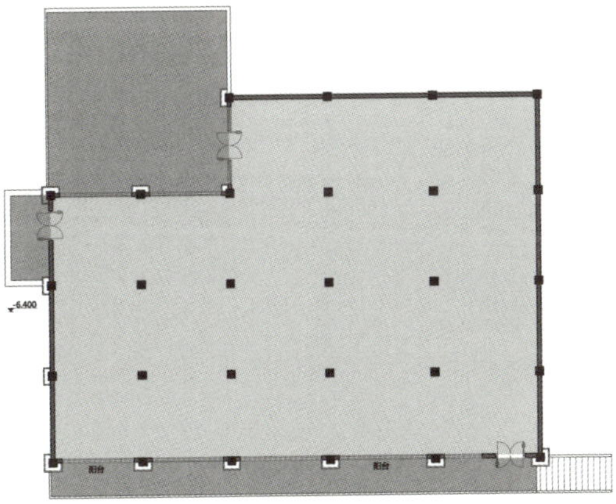

图 2-103　原始平面布局

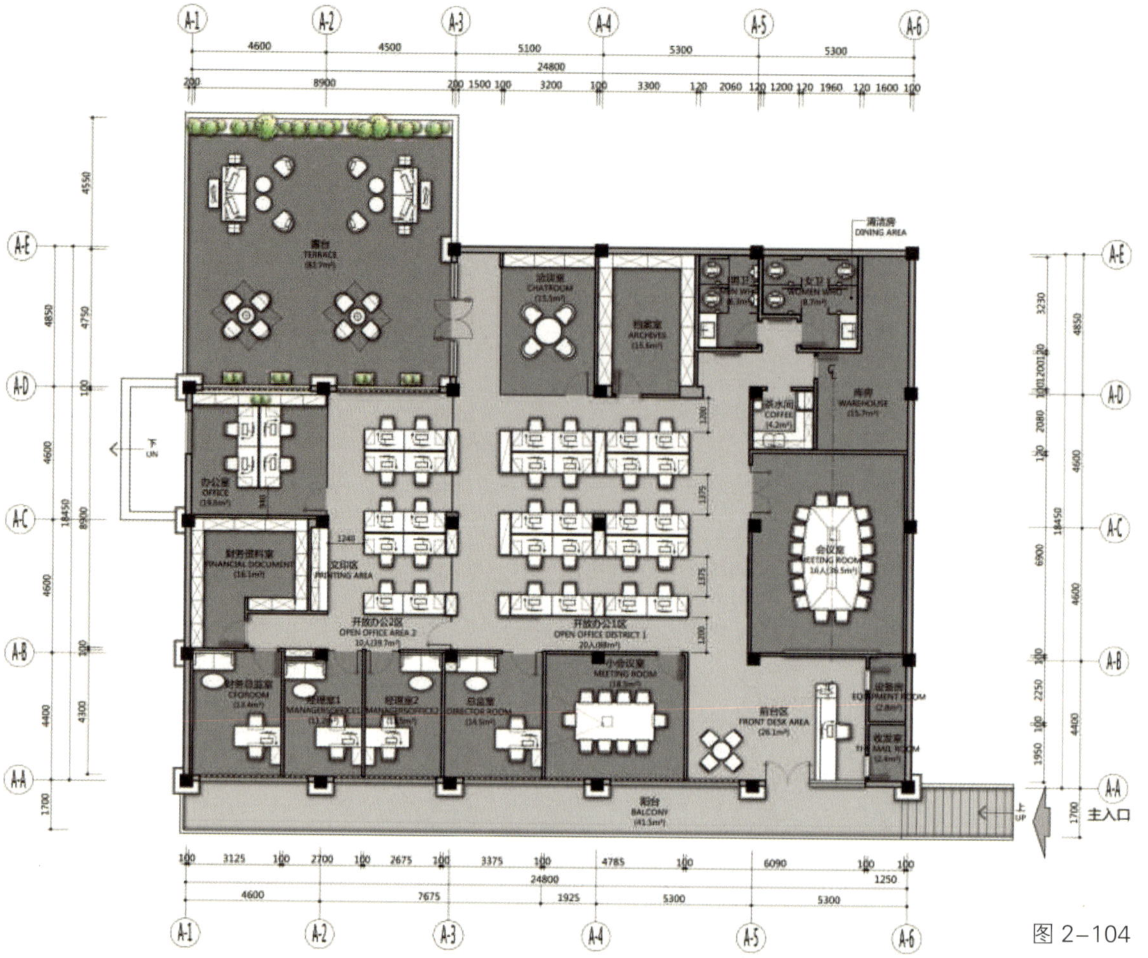

图 2-104 总平面布置

图 2-105 天花布置图

图 2-106　前台区三维效果图与前台平面

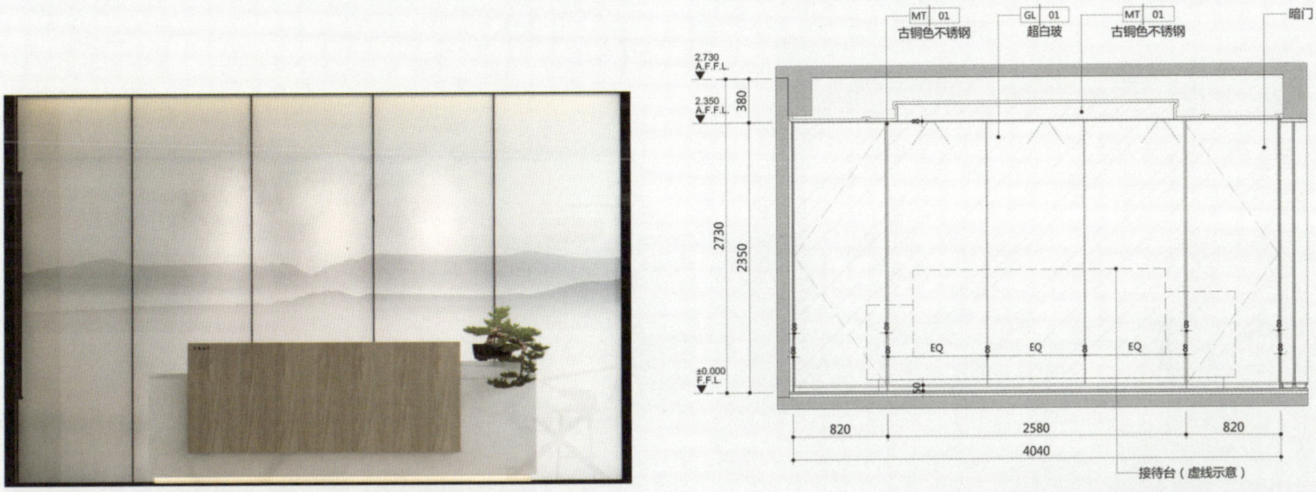

图 2-107　前台立面三维效果图与立面图

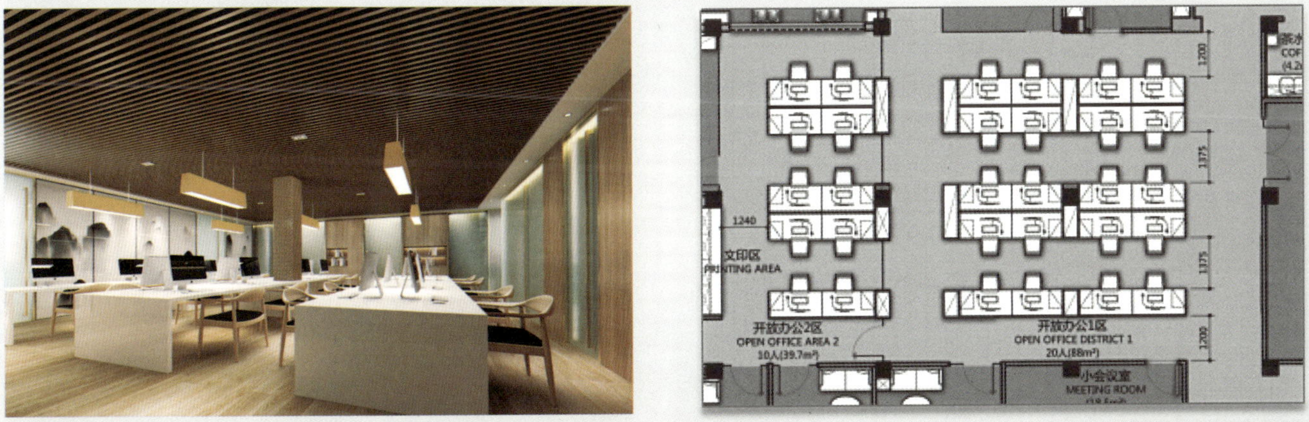

图 2-108　室内三维效果图与平面图

图 2-109　立面三维效果

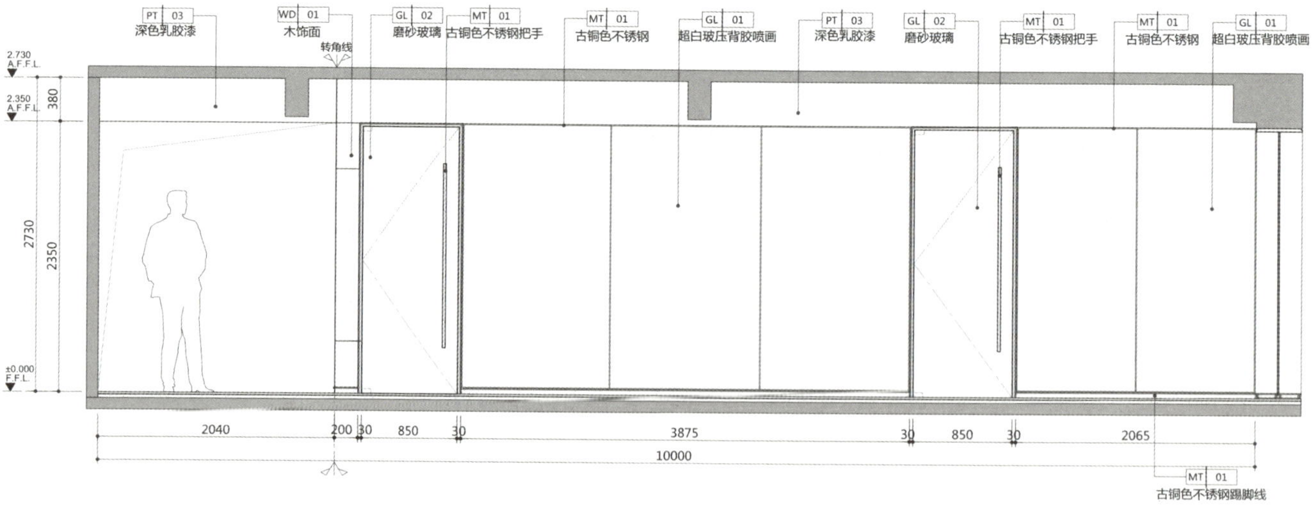

图 2–110 立面图

图 2–111 室内效果示意图

图 2–112 户外庭院与意向图

3. 知识点

（1）办公空间的功能分类

办公空间是指为办公需求提供的工作场所，包括办公工作场地和相关的配套空间。其主要任务是：使办公工作达到最高效率；塑造和宣传企业的形象；突出使用者的身份和个性，同时还必须具有较高的安全系数，如防火、防盗、防震等。

办公空间的分类

①以办公空间的业务性质分：行政办公空间、商业办公空间、专业性办公空间、综合性办公空间。行政办公空间即党政机关、人民团体、事业单位的办公空间。单位形象稳重，设计风格多以朴实、大方和实用为主。商业办公空间即商业和服务单位的办公空间，装饰风格带有行业窗口性质，应与企业形象相统一，因此要注意形象塑造。专业性办公空间为各专业单位所使用，其性质可是行政或是商家，不同的是这类办公空间具有较强的专业性。综合性办公空间以办公为主，同时还包含服务业、展览、工商业等，其办公空间设计与其他办公空间相同。（图2-113）

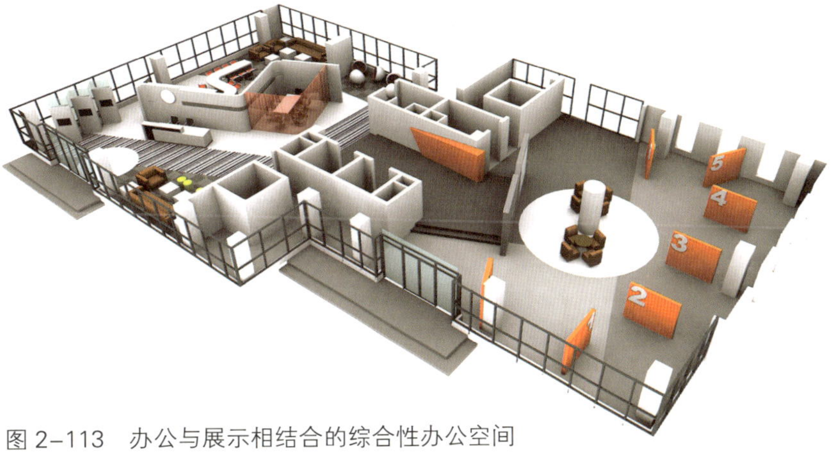

图 2-113　办公与展示相结合的综合性办公空间

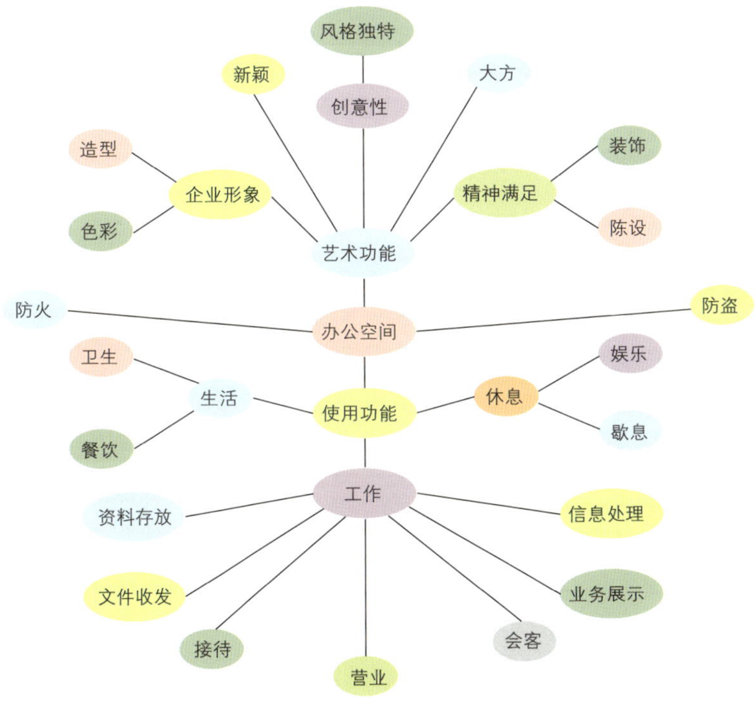

图 2-114　办公空间的功能分析

②以办公空间的布局形态分：蜂巢型（HIVE），属于典型的开放式办公空间，配置形式化，适合例行性工作，彼此互动较少，工作人员的自主性也较低，譬如电话行销、资料输入和一般行政作业；密室型（CELL），是密闭式工作空间的典型，工作属性为高度自主，而且不需要和同事进行太多互动，例如大部分的会计师、律师等专业人士；小组型，团队在开放式空间共同工作，互动性高，但不见得属于高度自主性工作，例如设计师、保险处理和一些媒体工作等；俱乐部型（CLUB），适合独立工作，但也需要和同事频繁互动的工作。同事间是以共用办公桌的方式分享空间，没有一致的上下班时间，办公地点可能在顾客的办公室、可能在家里，也可能在出差的地点。广告公司、媒体、资讯公司和部分管理顾问公司已经使用这种办公方式。

（2）办公空间的界面与构造

办公空间一般由办公空间、公共空间、服务空间和其他附属设施等组成。

①办公空间

办公场所室内的平面布局形式取决于其本身的使用特点、管理体制、结构形式等，办公空间的类型包括：小单间办公室、大空间办公室、单元办公室、公寓办公室、景观办公室等。此外，绘图室、主管室或经理室也属于专业或专用性质的办公空间。

②公共空间

为办公楼人际交往或内部人员聚会、展示等空间，如会客室、接待室、各类会议室、阅览展示厅、多功能厅等。

③服务空间

为办公楼提供资料、信息的收集、编制、交流、储存等空间，如资料室、档案室、文印室、电脑室、晒图室等。

④附属设施空间

为办公楼工作人员提供生活及环境设施服务的空间，如开水间、卫生间、电话交换机房、变配电间、空调机房、锅炉房以及员工餐厅等。（图2-114）

⑤设计总体要求

室内办公、公共、服务及附属设施等各类空间之间的面积分配比例和房间的大小及数量，均应根据办公楼的使用性质、建筑规模和相应的标准来确定。按照国家的相关标准，办公场所的核心面积加走道面积，通常占标准层面积的23%~35%。室内布局应既从现实需要出发，又适当考虑功能、设施等发展变化后进行调整的可能性；办公空间平面布置应考虑家具、设备尺寸，以及办公人员必要的活动空间尺度，各工作的位置应依据功能要求排列组合，合理安排房间出入口至工作位置和各工作位置相互间联系的室内交通过道；办公场所的各类房间所在位置及层次，应将与对外联系较为密切的部分，布置在近出入口或近出入口的主通道处，如把收发传达设置于出入口处，接待、会客以及一些具有对外性质的会议室和多功能厅设置于近出入口的主通道处，人数多的厅室还应注意安全疏散通道的组织；综合型办公室不同功能的联系与分隔应在平面布局和分层设置时予以考虑，当办公与商场、餐饮、娱乐等组合在一起时，应把不同功能的出入口尽可能地单独设置，以免干扰；从安全疏散和有利于通行的角度考虑各空间布局。如图2-115展示的小型LOFT空间对办公空间的安排。

消防提示

A. 一层建筑平面除主入口外要设立安全出口（外开消防门）

B. 超过60m²房间或通道长超过14米需留2个以上门，从安全疏散和有利于通行考虑，袋形走道远端房间门至楼梯口的距离不应大于22m，且走道过长时应设采光口，单侧设房间的走道净宽应大于1300mm，双侧设房间时走道净宽应大于1600mm，走道净高不得低于2.10m

C. 高层办公楼的体型受到建筑结构的制约，防火分区及安全疏散的基本要求相对特殊。办公空间使用功能复杂，设备种类繁多，人员集中，为保证安全，防火分区的一般要求是：高层一类建筑，每层每个防火分区最大允许1000m²，设有自动灭火设备的防火分区的防火分区面积可增加一倍

图 2-115　小型 LOFT 空间对办公空间的安排

⑥办公空间界面处理要求

办公空间各界面的要求

A. 耐久性及使用年限

要尽量使用经久耐用的材料，同时要考虑其使用年限。

B. 耐燃及防火性能

要尽量使用不燃或难燃性材料，避免使用燃烧时易释放大量浓烟和有害气体的燃料。

C. 无毒，散发气味及触摸时的有害物质须低于核定剂量。

D. 易于制作、安装，便于更新。

E. 必要的隔热保温和隔声吸音性能。

F. 装饰及美观要求。

G. 相应的经济要求。

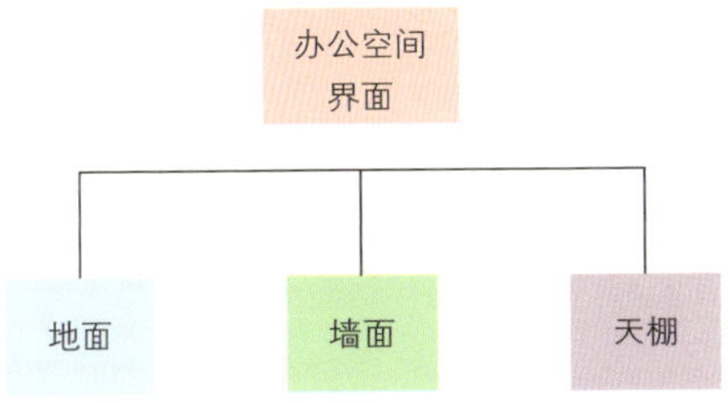

图 2-116　办公空间界面

办公空间的地面设计首先必须保证坚固耐用和使用的可靠性；其次要满足耐磨、耐腐蚀、防滑、防潮、防水、防静电、隔声、吸声、易清洁等要求，并能与整个空间融为一体，为之增色。

室内墙面与人的视线垂直且处于最明显的位置，内容与形式更加复杂和多姿多彩，对室内装饰效果有着决定性的影响。

天棚不像地面与墙面那样与人直接关联，但它却是室内空间中最富于变化与引人注目的界面。天棚要具有质轻、光反射率高和较高的隔声、吸声、保暖、隔热等功能特点。（图2-116、图2-117）

图 2-117　与灯光相结合的天棚装饰

（3）办公空间的光色设计

①办公空间的构成要素是人、机器和环境（图2-118）

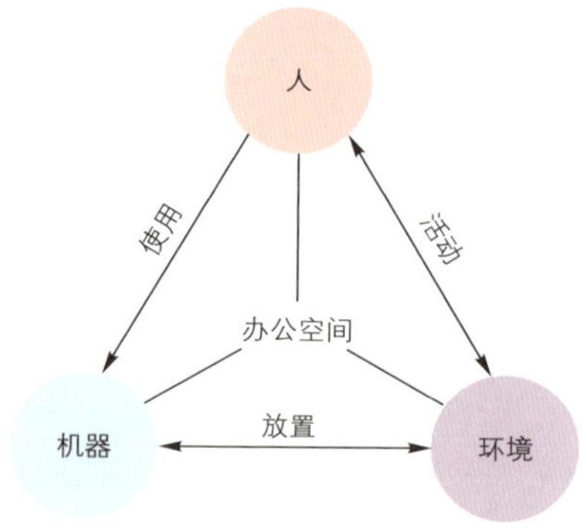

图 2-118 办公空间构成要素

人与机器的关系

在“人性化”的现代办公空间设计中，应以为工作人员创造优质的工作环境为宗旨，以实现人与机器的有机协调为目的。（图2-119）

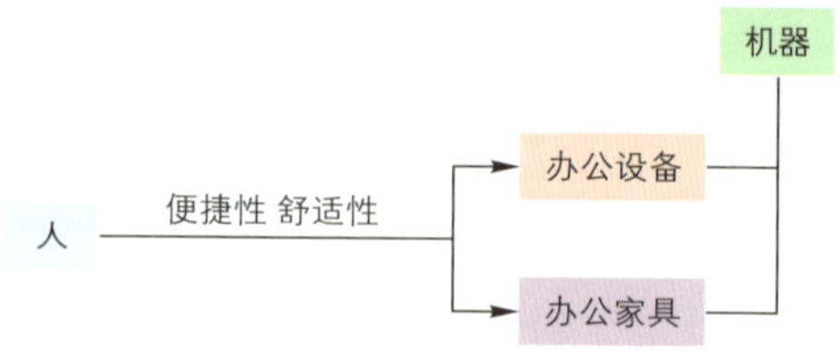

图 2-119 人与机器的关系

人与人的关系

在“人性化”的现代办公空间设计中，办公空间应成为一个同事间的碰面、汇集资讯和交流协作的场所。私密性是交往控制并与他人接触的双向过程，所以空间设计不仅应满足视、听隔绝的要求，而且应提供与公共生活联系的渠道。在办公空间中，大部分员工都需要借助办公隔断来实现这种需求，从而限制人的行为，遮挡别人的视线，控制噪声干扰。交流与协作办公室的设计提倡集体协作的精神。办公空间可以提供一个鼓励交流与合作的、刺激创造思维的人性化办公空间。创造力对于公司来说至关重要，而培养员工热爱生活、享受工作从而提高创作力，更为重要。（图2-120）

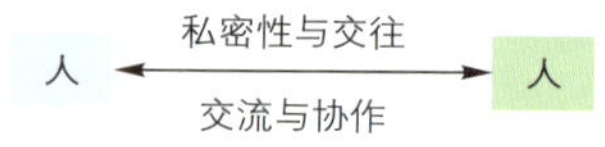

图 2-120 人与人的关系

人与环境的关系

当代人的环境需求表现在回归自然、尊重文化、高享受、高情感上。所谓景观办公其实质就是给办公者创造良好的视觉环境，使人们能以较好的心情投入工作，可谓“人性化”。在将绿化植被引入办公空间时，不仅仅是出于对节能的考虑，更是追求一种努力与自然接近的生活，改变办公空间坚硬冰冷的氛围，有助于员工在紧张的状态下得到适当的放松，并满足人对大自然的向往。（图2-121）

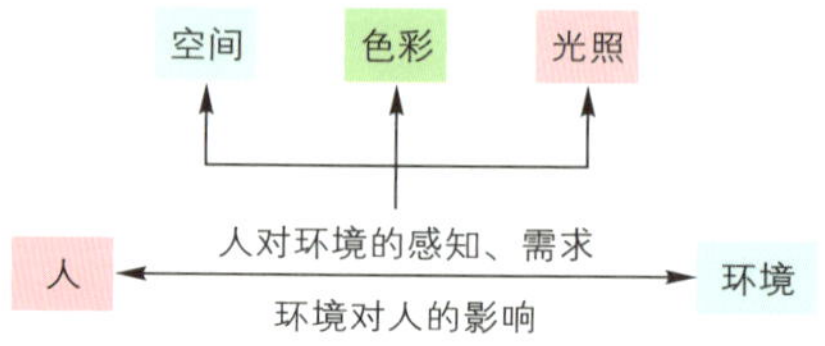

图 2-121 人对环境的感知

②办公空间色彩设计

室内空间色彩的搭配，关键是解决协调与对比的问题，色彩使用要符合统一中有变化、协调中有对比的原则，才会使人感到舒适，给人美的感受。办公空间的色彩搭配也应遵循上述原则，同时还要兼顾企业性质特征，与企业形象保持一致。办公空间色彩设计的几种常用方法：

A. 以黑白灰为基调，一至两个鲜艳的颜色做点缀
B. 以自然材料的本色为基调的配色方法（图2-122）
C. 以优雅的中性色为基调构成整体环境气氛
D. 以企业的标准色为基调的配色方法
E. 以企业的特征性质形象进行色彩搭配（图2-123）
F. 个性化的色彩搭配

图 2-122　以企业的特征性质形象进行色彩搭配

图 2-123　以自然材料的本色为基调的办公空间

（4）办公空间的陈设设计

办公空间室内陈设设计的最大目标是为工作人员创造一个舒适、方便、卫生、安全、高效的工作环境，以便更大限度地提高员工的工作效率，并建立一种人与人、人与工作的融洽氛围；还要考虑方便办公和展示公司企业形象的精神、审美情趣等；给员工一个高效、舒服、宜人的工作环境，给来宾以信心，使之相信公司的实力和品位。在办公空间里的陈设艺术品要遵循少而精的原则，以能体现公司精神的雕塑、绘画、工艺品等作为空间的主要陈设饰品。（图2-124）

图 2-124　与企业形象相关的装饰元素

现代办公空间陈设设计时应注意的几个问题

①座位朝向问题
尽可能避免背对客人的状况，因为背对客人会体现出主人对客人的不尊重；尽可能使整个办公空间的座位朝向一致；当不能做到时，要保证办公空间中主要领导的座位朝向是一致的，设计文化中要体现齐心协力、一同作战的企业文化；

②会议室和总经理办公室中客人椅的选择
要选择不能摇摇晃晃的座椅。一来保证会议的严肃；二来保证客人对总经理的尊重。

③资料室文件柜的选择
资料室中宜采用大容量的路轨移动文件柜；保证在有限的空间里贮藏更多的文件资料。

④隔断高度的设置
现代办公空间中隔断的高度从经济的角度讲是有分别的，总经理办公室、会议室、机房和财务室的隔断一般要做到结构顶，而其他房间做到假天花顶上下0.1米即可。

⑤电气综合布线
一般电气综合布线在天棚、墙体里进行；但也有部分高档办公楼会在地面利用线槽和网络砖等形式进行综合布线。

⑥装修配套设计
配套设计包括活动家具、窗帘、盆景等。活动家具最重要的一点是突出了整个办公空间的等级制，家具规格的大小、活动屏风的高矮、办公位置的设置能体现该位置办公人员在企业的职位大小。在办公空间中，窗帘一般会选用垂直百叶帘；卷帘只有在会议室和总经理办公空间中才出现；垂直布帘原则上不宜用在办公空间中。当然现代办公空间的设计还要结合业主的意见、企业文化和行业特点，不能完全按照一定的模式去设计。（图2-125至图2-129）

图 2-125 俱乐部型的办公空间

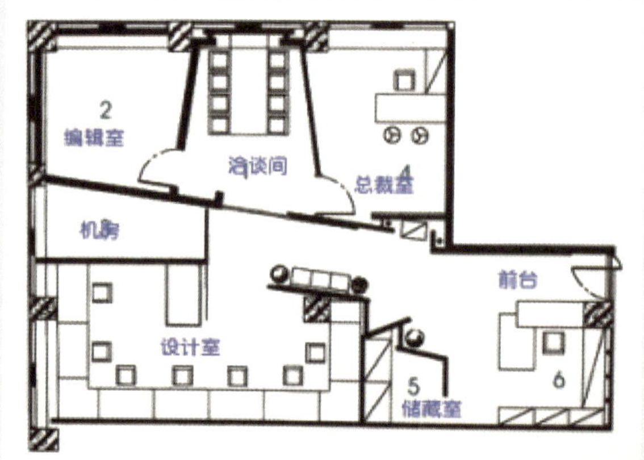

现代办公空间的常用参数（尺寸）

接待台：高度为1.1m左右；宽度为0.6m左右；员工侧离背景墙距离为1.2m~1.8m
总经理室最小办公空间：宽度为3.3m；长度为4.8m；文件柜宽度为0.37m~0.45m；总经理办公桌规格：一般为2m长，1m宽；板椅位宽度为1m左右
会议室最小办公空间：宽度为3.3m左右；长度为5m；电视柜宽度为0.6m
部门经理办公室办公空间：宽度为2.7m左右；长度为3.3m左右。背柜宽度为0.37m左右；办公桌尺寸为：1.8m长，0.9m宽；如有可能的前提下，部门经理与总经理的座位朝向尽可能的保持一致
员工区：办公桌尺寸1.4m长，0.7m宽或1.2m长，0.6m宽（财务、会计用），有1.2m高的屏风，主通道宽度为1.2m（消防要求）；座位宽度为0.7m

图 2-126 办公家具

图 2-127 公司前台与休息区

图 2-128 高大的树木为办公空间增添活力

图 2-129 配置立体绿化的办公空间

4. 实践程序

以《竞园22号楼改造》空间设计任务为例，介绍办公空间设计的一般实践程序：公司品牌文化分析、办公环境与功能需求分析、办公空间的设计表达、设计完善与修改。

（1）任务一：办公空间项目的调查与研究

主持设计师：程艳春 C+ Architects建筑设计事务所

设计团队：王亚坤、孙思谨、王婧璇、谢秉佑、郑一春、李琳杰

地点：北京

时间：2015年1月-7月

建筑面积：600m^2

摄影/摄像：夏至

《竞园22号楼改造》是一个将旧棉麻仓库改造成联合办公空间的项目，业主为两家年轻的互联网金融公司。

（2）任务二：项目任务的解读与文案表达

设计师利用了互联网式思维和体验式空间的共通之处，以空间趣味性和灵活性为出发点，通过家具隔断及光线控制创造出具有多重办公可能性、充满互动的叙事空间。

（3）任务三：办公空间设计创意与草图

场景的交织——空间蒙太奇

整个方案的本初概念是在占地面积330m^{2}的仓库里建立一个全新的空间秩序。 植入了钢结构夹层的竞园22号楼共有2层，每层平面交通均成回字形。中庭不仅构成了整栋房子的视觉中心，其下方的大型会议区和投影墙也成为了功能中心，是公司集会和娱乐的主要场所。围绕中心生成的办公空间具有很大的开放性，保证员工之间能够随时进行无障碍交流。

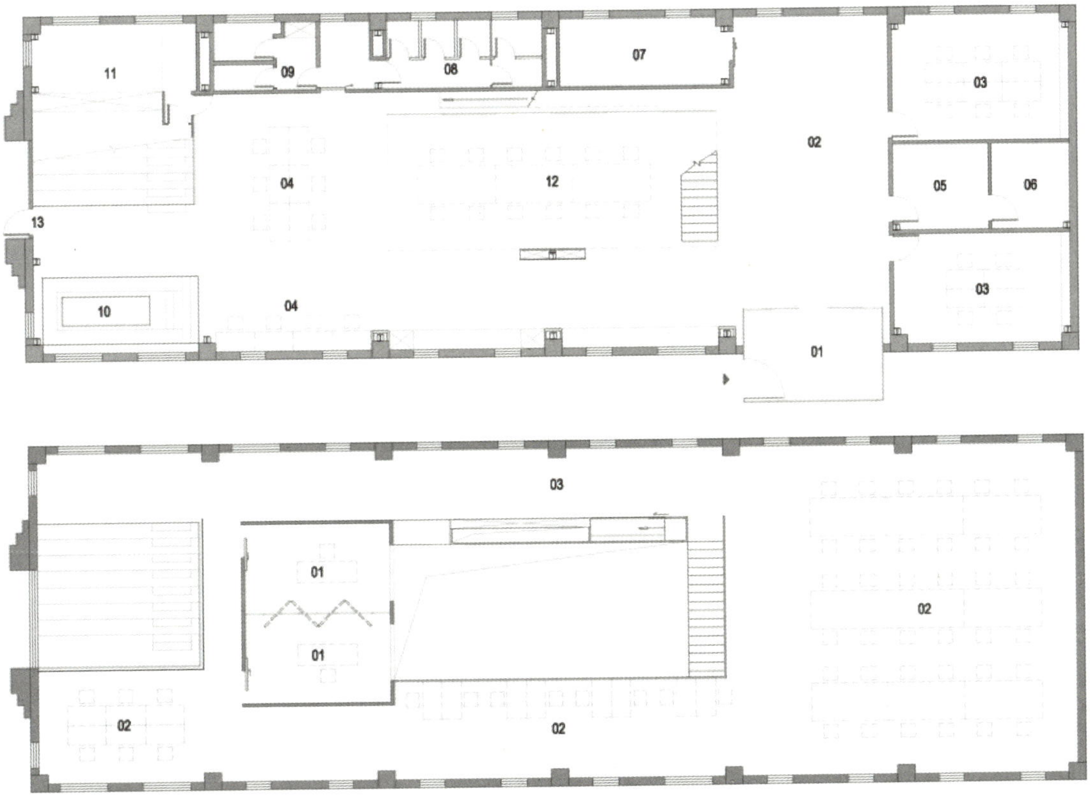

图 2-130 平面图

除了一层的会议区，程序员们还可以在咖啡休息区、次入口旁边的下沉讨论区、资料阅览区及欧松板大阶梯上进行相对独立的分组讨论甚至临时小团队合作，非线性办公场景的剪辑就这样通过设计师的设计最终由使用者自由呈现出来。与此同时，这些也是能随着团队成长而不断发展的空间，当固定工位不够时可以保证新增员工的正常工作。

改造过后的主入口是一个盒式暗空间，除具门和雨棚的功能外还安装有悬挂自行车的装置，是为自行车爱好者们设计的特别福利。这个黑盒子与室内的主楼梯紧密联系形成了一条主要交通动线。次入口位于建筑西侧，与大阶梯相连，是员工进出的辅助线路。此外，一条“忍者通道”——隐藏在隔墙里的滑梯——可以让人快速从楼上到达楼下的洗手间和休息室，更丰富了室内垂直交通。

充满电影场景感的功能拼接通过流动的交通空间交织到一起，最终形成了一个立体的空间序列。

这个项目中，设计师除了要为100余人创造丰富的组合式办公空间，另一项挑战就是对自然光线的重新调整。由于22号楼被其南侧建筑物严重遮挡了采光，设计师在屋顶打开了3个天窗，其中2个并列在中庭上方，可为一层引入更多的自然光线，冬天随着太阳高度角减小，阳光甚至可以直接照进一层会议区；另外一个天窗布置在屋顶东端，主要服务集中办公区，天窗框中带有勒内·马格里特超现实主义风格的蓝天白云可以让程序员从埋头编写程序的繁忙现实中暂时脱离。

西立面上，新砌成的半透明玻璃砖墙代替了旧有的红砖，在避免产生西晒的同时为22号楼西侧公共空间提供了柔和、舒适的光线。出于对成本的控制，设计师并没有更换外立面上的长条形窗户，但在其上安装了百叶窗以方便使用者随时调整室内进光量，夏天关上百叶窗还能起到一定的隔热效果。（图2-130）

（4）任务四：办公空间设计表达

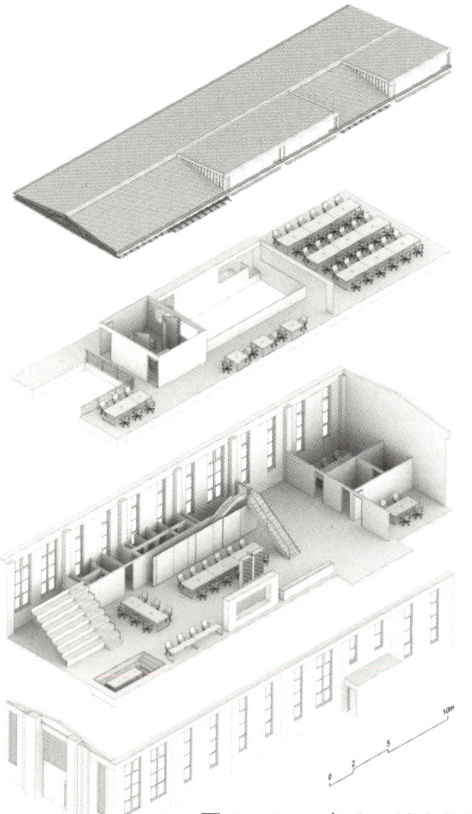

图 2-131　办公区域空间示意 1

图 2-133　模型展示探索

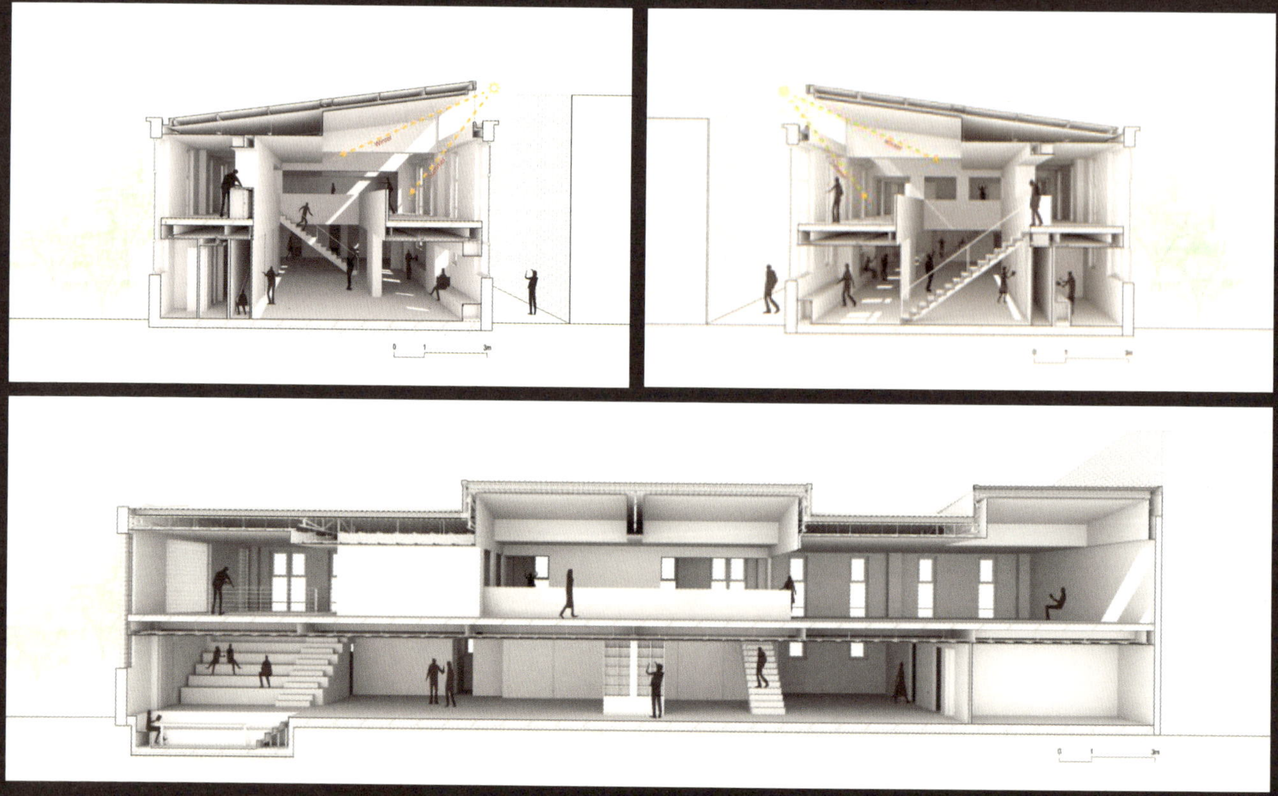

图 2-132　办公区域空间示意 2

(5)任务五:设计过程中的沟通与修正(图2-134)

图 2-134　空间的展示

(6)任务六:作品发布与展示(图2-135、图2-136)

图 2-135　苹果总部接待前台

图 2-136　具有独特风格的办公空间陈设展示 / 黎旌权、龙建凤设计 / 谭美凤指导

第四节 项目四——商业空间室内设计

1. 课程要求

项目介绍：本项目属于室内设计专业的专题设计。商业空间可以选取范围比较大，各个方向都有比较大的差距。在网购的冲击下，商业空间设计的设计方向有了很大的改变，向着体验式的消费情景转变，这些都需要设计师对现代的商业空间设计有个根本的认识。商业空间设计的过程是需要对商业室内人流动线、商业业态与消费者进行分析，寻找设计策略，并呈现出的刺激消费的商业空间。

项目名称：商业空间室内设计

项目时间：16课时

训练目的：通过特定商业室内空间的设计，让学生了解、掌握基本的商业空间的设计流程与原则，熟悉商业室内空间的设计方法、表达方式，培养团队协作能力。教学方式是理论与实践相结合的方式。通过空间与消费者拟定，引导学生明确设计方向与设计方法。参观了解实际商业空间案例，对社会上各种商业空间优缺点展开分析，进行阶段性的设计介入，并以集中讲解或公开评讲的方式来提高学生们的认识。

教学要求：教学前一阶段以理论讲解与参观为主，之后主要是实践操作环节。具体因每位同学理解情况不同进行不同的辅导，注重实际操作与设计表达。

作业要求：实地案例参观分析、人流动线绘制、商业业态与功能推理示意图、案例空间分析、模型分析、设计分析项目报告书。

2. 设计案例一：广州财富天地广场商业空间室内设计

广州财富天地广场总建筑面积26万平方米，交通便利、配套齐全，是集展贸办公、产品发布、信息发布于一体的超大型鞋业皮具主题商城，并提供先进的物流配送、金融服务、餐饮娱乐等配套服务，五位一体，全方位升级传统专业市场。该商业空间室内装饰项目突出“国际鞋业主题商城”的定位；所需元素需包含“鞋”，设计需渲染并烘托成熟、浓厚商业氛围，色彩缤纷，主题明确，建议结合项目现场元素，配合开业需要，确定一个明确的主题方向。此项目开业美陈装饰由乔国玲老师主持设计，达到了很好的渲染开业气氛的效果。（图2-137至图2-139）

图 2-137 项目概况

灵感来源

三宅一生的作品永远表现出蓬勃、活力、动感与色彩的完美结合，风格现代却又蕴为经典，他的“一生褶”每每带来耳目一新的创新设计，舞蹈的律动更使美陈展现出不同的风貌，激发轻松、热情洋溢的视觉表现。

元素演变

从三宅一生作品中提取其飞跃、旋转的元素，经过转化变形成为一种新的旋转形态。

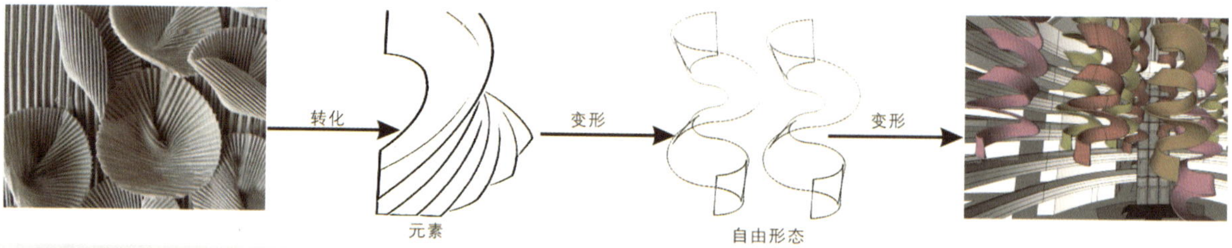

区域性质

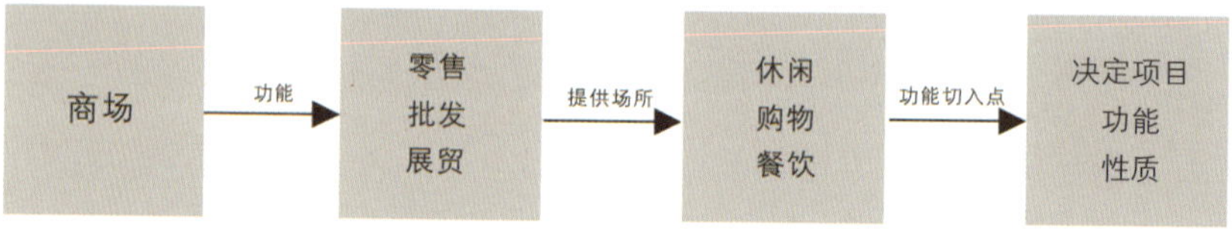

建筑形态

商场购物中心建筑形态主要包括以下几种：

本案运用了簇状的建筑形态，核心租户位于中间或两端，吸引在核心租户之间走动的顾客经过其它租户。

动线分类

一、水平人流动线

按形状可分为导向形、不规则形、聚心形；按中庭位置，可分为中庭、边庭、门庭。

二、垂直人流动线

围合中庭的建筑剖面构成了具体的中庭空间；中庭垂直人流动线分为四种剖面形态，如右图所示。

本案运用了楼层自上而下没有变化的聚心形的布置方式，所以在中庭位置做重点装饰。

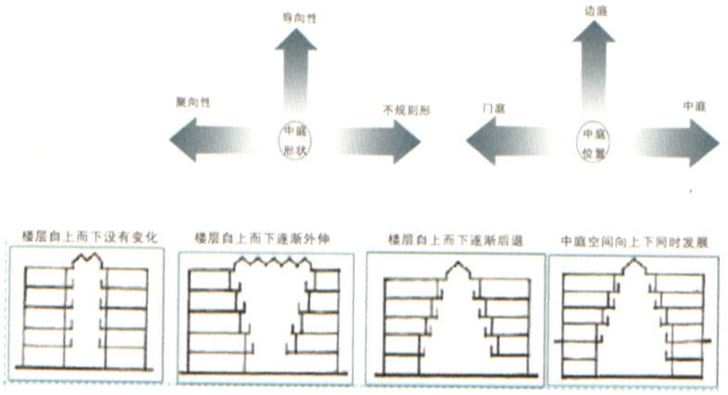

设计目标

随着人们生活水平及文化素质的不断提高，消费观念逐步向现代消费观念转变，人们对商场的需求已不仅满足于购物这单一行为，而是渴望通过轻松休闲的活动以及优雅清晰的环境来放松及调适自身的精神和情绪，既实现购物的物质需求，也能实现精神文化的享受。而美陈设计最主要的价值是就以目标顾客为中心，创造出良好的环境氛围，给顾客以良好的体验。因此本案以环境和装饰艺术为主体，结合本项目的建筑、运营、营销策划共同促销，使其成为一个整体，集中造势，展现品牌的活力，强化品牌的亲和力。

打造一个 具有主题性的
时尚性的
创造性的
文化性的
商务综合体

图 2-138 设计概念

图 2-139　现场效果

设计案例二：白马服装批发市场室内空间设计

白马服装批发市场是中国最集中的服装批发市场，随着消费者对购物环境的要求变化，该商场在设计上有了新的要求。设计师林超常结合“白马”近几年的升级改造与对设计师资源的重视，从艺术入手，创建室内设计与市场内的服装艺术的相互映衬，塑造出整体的视觉美感。

“白马”美陈概念

美陈艺术，在生机盎然的白马市场里永远都保持着纯净的诗意，每次相遇都宛若初见。所以，与它相关的美陈设计也渗透着它带来的文化内涵和设计语言。色彩的融合，道具的举重若轻，饰品的画龙点睛，线条的行云流水，组合出整体的视觉美感，令空间的每一个元素都在宁静与纯净之间自由徜徉。（图2-140）

一楼中庭装饰——季节变换

以春夏秋冬为主题随着季节的变化更换不同主题的道具更加直观具象，并且结合商场风格展现商品特色和服装品牌内容，从而更好地引导消费者，刺激消费者的消费欲望

通过各种美陈艺术装置，紧紧围绕着服装来凸显白马精神，传播白马的整体形象

一楼中庭装饰——节日美陈

一年中的几个重装节点，比如春季的情人节、三八妇女节，然后到夏季的六一儿童节，秋季的中秋节、国庆节，年底特别重要的圣诞节与春节等装饰

星岛建筑装饰

1~8 楼楼梯互动摄影区

1. 1~8 楼是以地域文化装饰为主的文化艺术墙，半立体情景更真实的呈现出来，是商家或买家拍摄服装产品的空间
2. 情景式体验空间

星岛建筑装饰

图 2-140 白马体验式消费设计 / 林超常设计 / 乔国玲指导

3. 知识点

（1）商业空间的基本属性

商场是商业活动的主要集中场所，从一个侧面反映一个国家、一个城市的物质经济状况和生活风貌。今天的商场功能正向多元化，多层次方向发展，并形成新的消费行为和心理需求，对室内设计师而言，商场室内环境的塑造，就是为顾客创造与时代特征相统一，符合顾客心理行为并充分体现舒适感、安全感和品位感的消费场所。

了解和认识消费者的购买心理过程特征是商业环境设计的基础。商场除了商品本身的诱导外，销售环境的视觉诱导也非常重要。从商业广告、橱窗展示、商品陈列到空间的整体构思、风格塑造等都要着眼于激发顾客购买的欲望，要让顾客在一个环境幽雅的商场里保持情绪舒畅、轻松和兴奋，并激起顾客的认同心理和消费冲动。未来商业室内设计趋势如图2-141所展示的无人超市与体验感十足的店铺。

（2）商业空间的构成要素及特点

①商店类别

专业商店——又称专卖店，经营单一的品牌，注重品种的多规格，多尺码。

百货商店——经营商品种类繁多的商业场所，使顾客各得所需。

购物中心——满足消费者多元化的需要，设有大型的百货店、专卖店、画廊、银行、饭店、娱乐场所、停车场、绿化广场等。

超级市场——开架售货，直接挑选，高效率售货的综合商品销售场所。

②商场功能

展示性：指商品的分类且有序的陈列，促销表演为商业基本活动。

服务性：指销售、洽谈、维修、示范等行为。

休闲性：指附属设施的提供，设置餐饮、娱乐、健身、酒吧等场所。

文化性：指大众传播信息的媒介和文化场所。

图 2-141　淘宝无人超市与 2017 年造物节店铺

③商业设计的内容

门面、招牌、橱窗、商品展示、货柜、商场货柜布置、柱子的处理、营业环境处理

④陈列方式

门面、招牌——商店给人的第一视觉就是门面，门面的装饰直接显示商店的名称、行业、经营特色、档次，是招揽顾客的重要手段，同时也是市容的一部分。（图2-142）

橱窗——吸引顾客，指导购物、艺术形象展示

商品展示——POP展示

货柜——地柜、背柜、展示柜

商场货柜布置——尽量扩大营业面积，预留宽敞的人流线路

柱子的处理——淡化柱子的形象，或结合柱子设计陈列销售空间

营业环境处理——天花墙面、地面、照明、色彩

陈列方式——集中陈列、静态陈列

（3）商业空间功能设计的原则

营造吸引顾客购物欲望的商场整体营销氛围，是商业空间功能设计的基本原则。整体来说，还应遵循以下一些具体的设计原则：

商品的展示和陈列应根据种类分布的合理性、规律性、方便性、营销策略进行总体布局设计，以利于商品的促销行为，创造为顾客所接受的舒适、愉悦的购物环境。根据商业空间的经营性质、理念、商品的属性、档次和地域特征，以及顾客群的特点，确定室内环境设计的风格和价值取向。

一般来说，吸引人的入口、橱窗、招牌和空间动线，可形成整体统一的视觉传递系统，再运用个性鲜明的照明、形材和配色，便能准确诠释商品，营造良好的商场环境氛围，并能激发顾客的购物欲望。（图2-143）

购物空间不能让人产生拘束感，不要有干预性，要制造出购物者有充分自由挑选商品的空间气氛。在空间处理上要做到宽敞通畅，让人看得到、摸得到。设施、设备要尽可能的完善，符合人体工程学原理，防火区明确，安全通道及出入口通畅，消防标识规范，配置无障碍设施。

图 2-142　服装专卖店的店面展示

图 2-143　商场入口装饰 / 乔国玲设计

（4）商业空间的功能组织与空间结构

①商业空间设计的前期计划

商业空间设计应考虑以下几个因素：

商场分析——经营管理条件、风格和顾客结构。

建筑条件分析——梁柱结构和平面空间。

商场室内功能系统主要包括以下几点：

A. 顾客系统——门面、招牌、橱窗、陈列展示设计、门厅、出入口、楼梯、休息间、卫生间，用以诱导顾客购买。

B. 销售系统——货柜、货架、收银台、营业环境，用以创造理想的购物环境。

C. 商业系统——仓库、进出仓通道、上架前储存设施。

D. 管理系统——经理、财务、业务、供销室、车库。

E. 内部员工系统——员工休息室、通道、更衣室、楼梯、饭堂、医务室、洗手间。

②商业空间的功能组织

A. 商品的分类与分区

商品的分类与分区是空间设计的基础，合理化的布局与搭配可以更好地组织人流、活跃整个空间、增加各种商品售出的可能性。大型商店可按商品种类进行分区。例如，百货店可将营业区分成化妆品、服装、体育用品、文具等。

B. 购物行动路线的组织

商业空间的组织以顾客购买的行为规律和程序为基础，即：吸引→进店→浏览→购物（或休闲、餐饮）→浏览→出店。

C. 柜架布置的基本形式主要有以下几种

顺墙式——柜台、货架及设备顺墙排列。此方式售货柜台较长，有利于减少售货员数量，节省人力。一般采取贴墙布置或离墙布置，后者可以利用空隙设置散包商品。

岛屿式——营业空间岛屿分布，中央设货架，此形式柜台周边长，陈列商品多，便于观赏、选购，顾客流动灵活，视觉美观。

斜角式——柜台、货架及设备与商业空间柱网成斜角布置，多采用45度斜向布置。此形式能使室内视距拉长，造成更深远的视觉效果，既有变化又有明显的规律性。

自由式——柜台货架随人流走向和人流密度变化而灵活布置，使厅内气氛活泼轻松。将商业空间巧妙地分隔成若干个既联系方便，又相对独立的经营部，并用轻质隔断自由地分隔成不同功能、不同大小、不同形状的空间，既有变化又不会杂乱。

隔绝式——用柜台将顾客与营业员隔开的方式，商品需通过营业员转交给顾客。此为传统式，便于营业员对商品的管理，但不利于顾客挑选商品。

开敞式——将商品展放在售货现场的柜架上，允许顾客直接挑选商品，营业员的工作场地与顾客活动场地完全交织在一起。能迎合顾客的自主选择心理，造就服务意识，逐渐成为商业空间设计的首选。（图2-144）

D. 营业空间的组织划分

利用货架设备或隔断水平方向划分营业空间。其特点是空间隔而不断，保持明显的空间连续性，灵活自由，方便重新组织空间。这种利用垂直交错构件有机地组织不同标高的空间，可使各空间之间有一定分隔，又保持连续性。

用顶棚和地面的变化来分隔空间。顶棚、地面在人的视觉范围内占相当比重，因此，顶棚、地面的变化（高低、形式、材料、色彩、图案的差异）能起空间分隔的作用，使部分空间从整体空间中独立出来，可以对重点商品进行陈列和表现，并较大程度的影响室内空间效果，如图2-145营业空间的多种组织方式。

图 2-144　开敞式货架

图 2-145　营业空间的多种组织方式

E. 营业空间的延伸与扩大

根据人的视差规律，通过空间各界面（顶棚、地面、墙面）的巧妙处理，以及玻璃、镜面、斜线的适当运用，可使空间产生延伸、扩大感。比如，通过营业厅的顶棚及地面的延续，使内外空间连成一片，起到由内到外延伸和扩大作用；玻璃能使空间隔而不绝，使内外空间互相延伸，借鉴，达到扩大空间感的作用。随着人们物质生活的提高，商业空间设计要求建筑与环境结合成一整体，有些商场已将室外庭院组织到室内来。

商业空间主要是满足人们买卖商品和体验商品需求的空间，如大型商场、自选超市、百货店、金店、药店、服装等购物环境的软装设计。商业空间的功能基本上包括了买、卖、展示、试穿或体验等环节。在这类环境布置软装时一定要“突出商品”，可以利用所售商品模拟生活场景的实态，来吸引消费者的购买，从而达到促进销售的目的，如图2-146客厅家具的生活化展示。

图 2–146　客厅家具的生活化展示 / 林超常设计

现代的商业空间特别重视美陈设计和陈列，在这类空间的设计中设计师首先要考虑展示商品，促进商品的销售；其次考虑商品的品质，如高档成衣专卖店的身份、地位等，钻石珠宝店饰品的高贵、华丽、精致。再者，设计师要突出商品的品牌形象及其背后的企业形象，企业形象的好坏直接影响到以后的销售业绩和公司的长远发展。所以，很多商业空间都由专业的美陈设计师来负责设计、制作、摆放。也有很多大型商业中心空间的美陈凸显品牌的理念，结合当代的装置艺术品设计，为商业空间增添新意，令消费者享受非凡的购物体验。（图2–147）

图 2–147　南海悦汇广场“幸福的声音”装置 / 乔国玲设计

4. 实践程序

根据“全鸿/西野设计案例 |武威星光购物中心”空间项目，介绍商业空间设计的一般实践程序：商业品牌形象展示设计、商务功能需求分析、商业空间的设计表达、设计完善与修改。

（1）任务一：商业空间项目的调查与研究

武威（凉州）作为古代丝绸之路的要塞，有上千年岁月的积淀，铸就了武威深厚的历史文化底蕴。 如今武威作为国家级战略“一带一路”的黄金节点城市，城镇化建设正铺天盖地展开，形成了现代建筑与历史文化交相辉映的热闹场面。 在商业空间设计方面，也应加强商业与本土历史文化的结合。（图2-148）

图 2-148 项目调查

（2）任务二：项目任务的解读与文案表达

武威星光购物广场定位是黄金节点城市的地标，还原历史的辉煌，再造“凉州要塞”。此次项目由全鸿设计携手西野设计共同打造。（图2-149）

图 2-149 武威城市风光

购物中心不仅是商业地产项目还是城市脉络，更是市民的生活需要。经过反复论证，设计团队最终提出：“黄土开出绿洲，生活从此不同”的设计理念结合甘肃中部的风土人情，构建当地老百姓的都市生活方式的主题意念。（图2-150）

图 2-150 武威市民生活调查

（3）任务三：商业空间设计创意与草图

建筑设计创意（表现形式）来源于黄土高原独特的地貌和凉州古城的建筑；室内设计创意（表现形式）来源于河西走廊东端最大的一块沃野绿洲。（图2-151至图2-153）

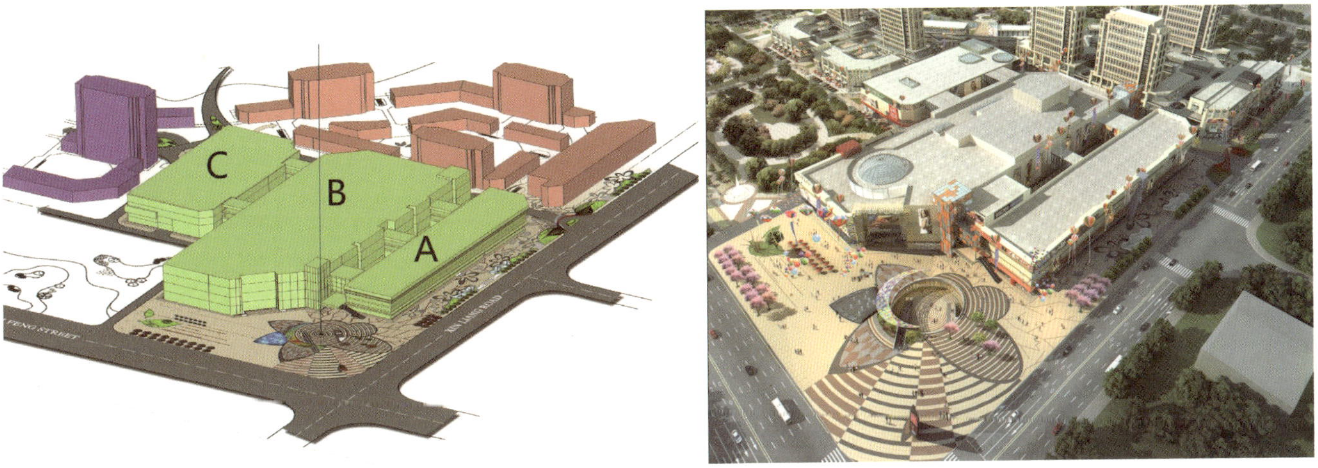

图 2-151 武威星光购物广场

图 2-152 大树的创意表现

图 2-153 建筑立面与内部“树”的创意表现

为了塑造各种消费场景，设计师按照“城市绿洲”概念把武威星光打造成主题式体验购物中心，由3栋建筑组成，总使用面积约13.6万平方米，构建了两大主题场景化街区，每一层按业态分布不同消费场景，紧密围绕老百姓的“休闲，社交，体验”三个层级生活方式展开规划设计。（图2-154）

图 2-154　室内公共空间设计

（4）任务四：商业空间设计表达

①AB栋街区场景主题概念

树，生命之象征，应用在中庭主题造景，并配上动态光影效果，意在营造生活的气息。“雨水灌溉着大地，汇聚成了河流，形成绿洲”，商场的天地墙造型融入了这一情节元素。（图2-155）

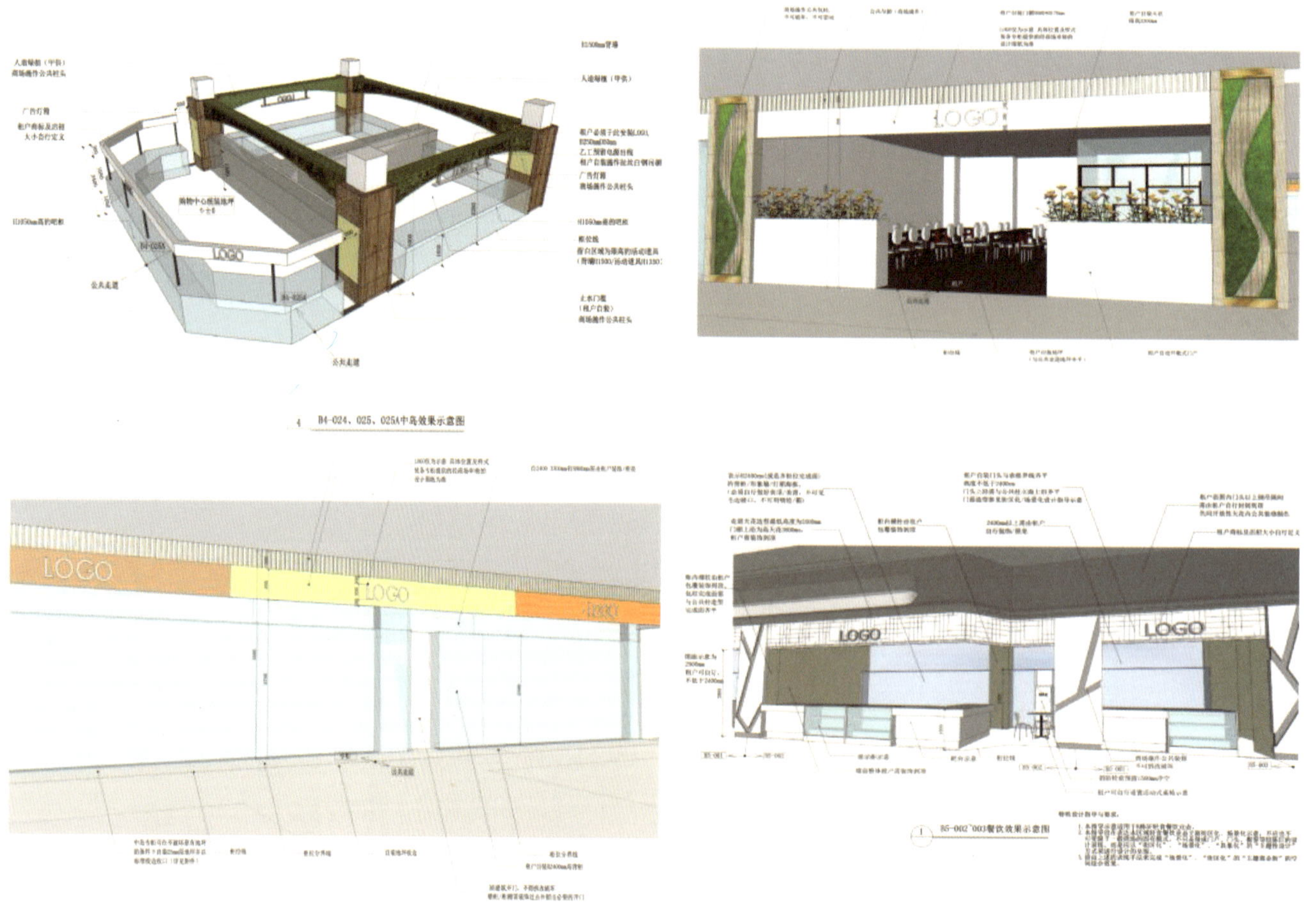

图 2-155　商铺的样板设计

②街区场景主题概念

花，美好的象征，意在营造生活的美好，花瓣元素运用在天地墙的装饰面，街区化、情景式的营造是整个设计规划的重点，并在其中融合了紧贴生活的业态：银行、服装店、精品店、咖啡轻食、超市、美食广场、亲子乐园、健身、培训机构、电影院……全鸿与西野团队精巧构思，把多样的业态按主题规整，配以鲜活的场景，形成每一楼层的执行规范系统，构建美好的生活方式、丰富的主题街区购物体验。（图2-156）

图 2-156　以“花”为主题的创意

（5）任务五：设计过程中的沟通与修正

设计师需要根据创意设计方案效果图和创意预想图，与甲方进行说明、沟通，并作出相应修改或调整。

（6）任务六：作品发布与展示

此商业空间成为了武威市的地标，大家来商场里享受生活，来此社交、看书、健身、娱乐，它的公共性和服务性越来越突出。该项目设计师认为：购物中心是一种城市的生活方式，一座城市的文化名片，各种文化、生活在此交汇、形成、传播……

图 2-157 项目效果

第三章

室内设计案例欣赏与分析

第一节　室内设计典型性风格作品鉴赏

第二节　室内设计大师作品欣赏

学习室内设计首先必须学会欣赏优秀的室内作品，如同想当作家的同学必须先看足够多的好书，看的多了，无意识中就逐渐形成自己的语言，成为一个作家的文字语言基础也就有了。如何欣赏室内作品呢？如果只是觉得好看，却讲不出什么道理，看完也就忘记了，那么这样的欣赏是毫无价值的。如果你立志成为一名优秀的室内设计师，首先必须学会从专业的角度来欣赏，学会在欣赏中带着疑问、分析、剖析和总结，一套科学的方法会帮助你在短时期内积累丰富的专业经验，做到事半功倍的效果。本章节就是希望带领大家一起赏析经典的室内设计作品，在过程中教授大家方法，同时了解国际著名的设计大师的设计风格与特点。

本章内容从了解室内设计风格开始，学习空间艺术的风格，本质上就是学习室内艺术的设计语言，即构成室内设计的“字、词、句”。典型室内风格就一定有其典型特征，如果把这些典型特征具象地抽离出来，形成一个个具体的要素，这些要素就是构成室内设计语言的“字”。如地中海风格的室内空间要素是“蓝白色、陶砖、券拱”等，这就构成了风格语言中的“字”，如果再把这一系列的要素组合起来，就构成了“词组”。这意味着你把“蓝白色彩搭配、陶砖地面、连续的券拱门洞结构”放在任何一个室内空间，都使得该空间具有了地中海风格的典型语言要素——词组。如果更进一步，要形成美妙的句子，把语言表达出来，那就要去真实的空间中加以实践应用了。（图3-1、图3-2）当一个人在成长的幼年时，说出来的话都是别人的语言，当他长大成熟后，说出来的话就是自己的个性化的语言。作为一个设计师也是如此，很多设计师总是长不大，喜欢盲目的“抄袭借鉴”，没有形成自己的个性风格，就很难成长为一名优秀的设计师。

图 3-1　地中海风格语言中的“字与词”

图 3-2　典型地中海风格

第一节 室内设计典型性风格作品鉴赏

在这个地球上，不同地区居住着不同民族的人，都有自己各自不同的语言体系和风俗民情，在空间艺术方面也都会形成自己独特的风格，这就是我们常说的环境艺术风格。在艺术家的眼里，室内风格的不同在于千姿百态的造型艺术；在人类学家的眼里，室内风格的不同在于背后传统文化风俗的不同；在科学家的眼里，室内风格的不同是各个地区气候及物产资源的差异造成的。作为一名合格的室内设计师，不能仅把自己当作艺术家，风格问题看不透，只能看见表象，抓不住问题的实质，很难成长。设计师还应该具有科学家的严谨，追根溯源，研究风格背后的科学道理；有人类学家的洞察力，把人、社会、生产力、生产资源、生产关系的因素结合起来。优秀的设计师必须具有多元化的能力，追索室内风格的形成，摸清规律，才能设计出美观大方、有深度、有内涵的作品，并形成自己的风格语言，在设计的道路上越走越远。

从以下几个典型风格入手，剖析典型室内艺术风格的表现特征。

1. 古典欧式风格室内设计作品

古典欧式风格实际上是相对现代简约欧式风格（简欧）而言的，本质上古典欧式就是传统欧式，历史上主要分两个阶段：一个是中世纪艺术风格，包括古希腊、古罗马、拜占庭、罗曼风格、哥特式风格等；另一个是文艺复兴后的帝国风格，主要包括巴洛克、洛可可风格。

欧式风格“石头建筑和结构特点”是给我们留下最深刻的印象之一，这种风格受到古埃及石头建筑风的影响。（图3-3、图3-4）在古典欧式艺术风格造型上，我们首先想到的就是古希腊漂亮的石柱，希腊经典三柱式包括：

图 3-3 古埃及阿蒙神庙遗址

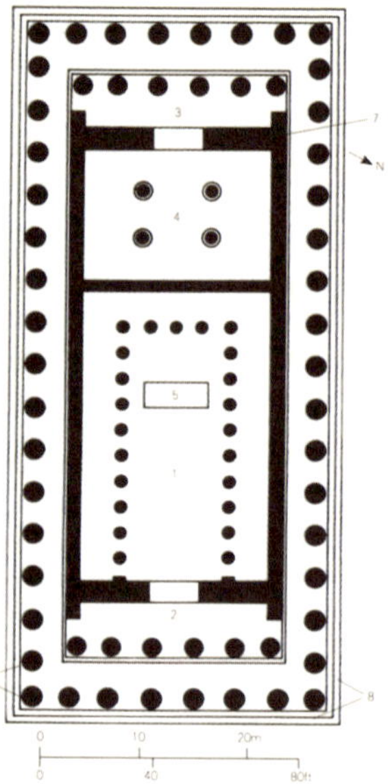

1 神堂
2 前门廊
3 背门廊
4 宝库
5 雅典娜神像基座
6 周围柱廊
7 实墙
8 踏步（基座与台阶）

正面与背面各有八根柱子，两侧各有一排柱子，形成周围柱廊式，正面和背面增加有一排六根柱子在入口的前面，分别导向神堂和宝库，在神堂内，许多柱子支撑着上面的夹层，再上面是由柱子支撑着的屋顶，雅典娜女神像在神堂内占据着统治地位。

图 3-4　古希腊帕提农神庙遗址

（1）陶立克柱式（希腊的波塞冬神庙），其特点是男性化，刚硕雄健，柱头简洁，20个槽数，线脚少，体积感强。

（2）爱奥尼克柱式（小亚细亚地区），其特点是女性化，清秀柔美，柱头精巧，24个槽数，有多种曲面线脚，体积感弱。

（3）科林斯柱式，其柱头由忍东草的叶片组成，柱头像花篮一样。（图3-5、图3-6）

古希腊欧式的柱式既漂亮又有影响力，是欧式风格的典型形象，以至于在很长的一段时间内，室内空间设计大量应用欧式的柱式结构以标榜欧式风格。

古希腊时期，人们很喜欢用一种叫莨菪（Acanthus）的植物去祭祀逝去的先人，有次有位女孩提着装着莨菪的篮子去扫墓，离开时把篮子遗留在地上，于是莨菪的叶子长到篮子外，而被一位路过的建筑师看到，突然灵感出现，将之造形用于列柱的柱头上，而创造出柯林斯式柱，后来文艺复兴时期，还有设计师根据

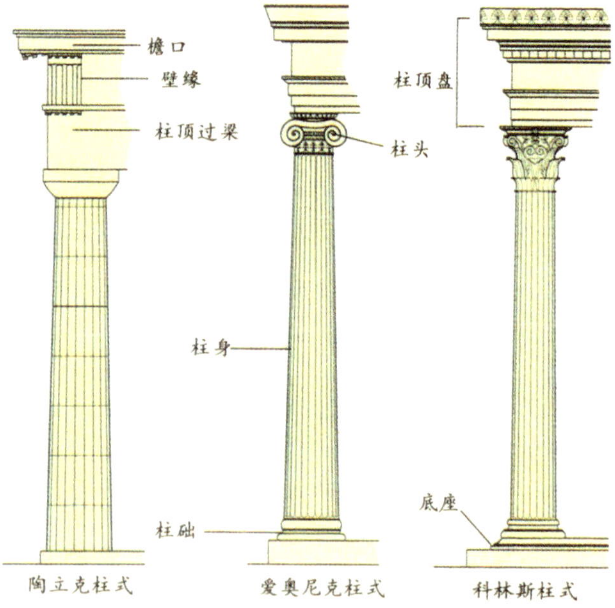

图 3-5　古希腊柱式

图 3–6 古希腊柱式实物遗址

图 3–7 莨苕植物纹样

图 3–8 罗马时期柱式的演变

莨苕植物纹样设计成卷草纹，在室内装饰空间中的边边角角的装饰到处用；这种藤蔓植物的卷草纹做成了适合纹样，变成典型欧洲装饰风格的墙纸。古希腊文明对欧洲的影响实在太大了，这小小的植物纹样，一直影响到今天。（图3–7）

随着历史的发展，柱子的形式也在逐渐变化，罗马时期，陶立克的柱子身上的沟槽不见了，也变得更粗壮，称为“托斯坎柱式”。柱头的图案混合了多种装饰图案成为“复合式柱头”。古希腊的3种柱式以及后来演变出来的2种柱式，共称为罗马五柱式，简称罗马柱。此外，雅典卫城的雅典王伊瑞克提翁神殿，甚至用女神像做柱子，在华美的同时又符合力学原理，被称之为Caryatid嘉莉雅泰德柱。（图3–8）

石头建筑，柱子是主要的力学支撑结构，屋顶由石头、木板或其他材料构成，所以遗存下来的古希腊建筑，很多只有一排排的柱子，木板做的屋顶早已风化腐朽。至古罗马时期，由于建筑技术的进步，建筑遗存变得更加丰富而成熟。（图3–9）

图 3-9 券拱形的罗马水渠（建筑遗址）

图 3-10 室内装饰中的古希腊风格

图 3-11 室内装饰中的古罗马风格

古罗马建筑设计吸收了古希腊的很多优点，且建筑技术更先进，出现了券拱和穹顶等形式，也出现了石灰岩水泥等建筑材料。传统古希腊的柱式也产生了很大的变化，原本受力的柱子在建筑结构中的作用产生了变化，券拱能够支撑起横梁和屋顶，柱子功能以装饰为主。由于建筑形式丰富了很多，出现了典型的古典罗马风格。室内装饰方面，通过考古发现，古罗马已经出现墙裙板装饰、石雕家具、黑色和红色的墙面涂绘（又称“庞贝色”），以及一些马赛克、金属、象牙的装饰材料，能够想象室内装饰风格比较奢华富丽。总的来说，古罗马风格是古典欧式风格的典型代表，是古典艺术的一种高度，即便到现在，一提起装饰欧式风格，首先想起的就是室内空间中用罗马柱。古罗马艺术风格之后，欧洲经历了的拜占庭风格、罗曼风格、哥特式风格等，其艺术风格大多融入了很多宗教的因素。（图3-10、图3-11）

图 3-12　奢华的巴洛克装饰

图 3-13　巴洛克风格布图案

欧洲文艺复兴时期，巴洛克和洛可可艺术代表了欧洲艺术风格的高度。巴洛克艺术是流行于欧洲17世纪时的一种艺术风格，运用夸张的运动性和清晰可辨的细节在雕塑、绘画、建筑、文学、舞蹈和音乐等领域来营造戏剧、紧张、繁琐、恢宏的效果。在建筑室内领域，主要表现在“繁琐装饰、气势恢宏”，空间设计具有戏剧舞台艺术的装饰性特点。（图3-12、图3-13）

巴洛克艺术本质上是反古典主义的，打破理性、严谨、古板的传统形式，应用不规则的、奢华的、细节清晰的、繁琐奢华的装饰方式。巴洛克室内艺术设计是追求繁琐奢华、自由奔放的装饰艺术；音乐节奏、戏剧脚本、舞台元素融入一体的空间特征；夸张炫富、神秘浪漫的世俗情趣和精神面貌。巴洛克艺术空间视觉语言丰富，装饰图案曲线动感，雕刻精细且堆砌繁复，材质用料奢华、色彩对比强烈，在别墅、复式居住空间设计中经常采用巴洛克艺术风格。（图3-14）

巴洛克艺术之后最有代表性的是洛可可艺术，这种风格起源于建筑和家具，最后蔓延到油画和雕塑，洛可可保留了巴洛克风格复杂的形象和精细的图腾，但已经开始与大量不同的特征融合，包括东方风格和不对称组合。例如这种艺术形式在德国和西班牙等地区发展，便与当地的风格融合。（图3-15）

图 3-14　巴洛克室内装饰风格

图 3-15　洛可可风格图案装饰

洛可可室内装饰最大的特征是流畅线条构成的自由曲线，装饰纹样半抽象于贝壳、卷涡、水草等要素。对比巴洛克室内色彩的厚重，粉色是洛可可室内色彩艺术的另一重要特征，如米白色、粉红、粉绿、粉蓝等，偶尔搭配奢华的镀金色。“曲线、粉色、小纹样”共同构成了洛可可艺术典型的女性化符号特征，充满了精致的享乐主义情调。洛可可室内装饰的另一特点是图框式装饰，图框式的线条和结构，营造出如画的、细致的、形状独特的符号化风格，把墙面、天花板、家具、金属和瓷器等摆设融入在统一风格中。（图3-16、图3-17）

图 3-16　洛可可古典室内装饰风格

图 3-17　洛可可风格室内框式装饰特征

图 3-18　洛可可风格的现代简约设计

“古希腊、古罗马、巴洛克、洛可可”代表古典欧式风格的精华，虽然后期人们在此基础上不断演变、简化、综合等，但古典欧式在室内空间中的应用大多源于这四种风格。当前流行的简欧风格是在此基础上的简化设计，需要注意的是欧洲古典建筑与室内造型设计注重数理结构，强调比例、细节所带来的视觉美感，如果只是借助其中的某一元素，不考虑整体环境协调性，简约风格可能会变成简陋和粗糙。（图3-18）

2. 地中海风格室内设计作品

地中海室内设计风格是指地中海沿岸国家室内环境独有的地域风格，具有很强的区域特征。地中海海岸线3千多千米，囊括了17个沿岸国家，是西方古希腊、古罗马、波斯古文明、基督教文明重要的发源地。

地中海室内设计风格最大的特征是色彩之美，最常见的是饱和度极高的蓝、白、黄色的组合搭配，以及在此基础上的紫色、土黄色与红褐色的组合搭配。蓝色代表开阔的蓝天和大海，白色代表沙滩、贝壳，意大利南部金黄色的向日葵，法国南部大片薰衣草园的蓝紫色，沙漠的黄色和岩石的红褐色是北非地区沿岸独有的地貌。这些色彩均是取自于大自然的明亮色彩。

整体来说，地中海室内色彩风格是蓝白高亮色调、阳光充足、色彩饱和度高、色彩的民族性和装饰性强烈。（图3-19）

地中海室内设计风格有明显的质朴感，做工并不精致考究，但是处处透出自然的气息。一般用材会选用体现自然纹理的原木、石材，地面铺装经常用质朴的陶砖，手工涂刷白灰泥墙，不太讲究收口和平整度，装饰要素采用贝壳、鹅卵石等明显具有海洋特征的物件，家具陈列经常应用马赛克、金属工艺、做旧家具等。此外，地中海室内风格形成于欧洲文艺复兴之前，延续了古罗马券拱结构，室内经常应用连续的拱门结构、罗马柱的装饰线条，透视感和风格感比较明显。（图3-20、图3-21）

图 3-19　地中海风格典型的蓝白色搭配

图 3-20　陶砖地面和略显粗糙的装饰工艺

图 3-21　连续的拱门是地中海风格的又一典型特征

整体来说地中海室内风格具有通透明亮、亲近自然、休闲浪漫的特征，这种放松、闲散、自然的格调容易被年轻人所接受，其典型的海洋地域特征，也适合做成旅游休闲度假屋等空间装饰形式。（图3-22）

图 3-22　融合多种元素的地中海风格建筑

3. 东南亚风格室内设计作品

东南亚是指亚洲东南部的一些国家，主要包括两大部分：中国以南的中南半岛，以及分布在印度洋和太平洋之间的马来群岛。包括越南、老挝、柬埔寨、泰国、缅甸，以及马来西亚、新加坡、印度尼西亚、文莱、菲律宾、东帝汶等11个国家。东南亚国家绝大部分地区是热带雨林和热带季风气候，植物生长茂盛，其室内设计风格最大的特点就是自然气息和民族特色。热带雨林气候的缺点是湿热闷热，所以东南亚强调“平面开敞、推拉隔断”的通风室内设计，搭配饱和度高且丰富的色彩，削弱气候性环境缺点。

典型东南亚风格设计首先突出其地域性。室内艺术空间是热带风情的遐想和再现，龟背竹、芭蕉叶、天堂鸟等阔叶类植物及装饰图案应用广泛，除了植物装饰陈列，大花墙纸、布艺图案、莲花花卉等装饰元素的运用，使得空间紧凑丰富且华丽。（图3-23）

东南亚地区物产丰富，室内家具和软装的多样性也是其典型特征。东南亚家居最大的特点是取材自然，天然材料和泥土气息浓郁，室内空间气氛活跃。以家具为例，实木、竹木、藤草、棉麻、砂岩、石雕、贝壳等综合材质家具均有体现。大部分家具采用两种以上不同材料混合编织而成，如藤条与木片、藤条与竹条，材料之间的宽、窄、深、浅形成有趣的对比，各种编织手法的混合运用令家具作品变成了手工艺术品。（图3-24、图3-25）

东南亚风格的装饰色彩多以黄色、绿色、金色和红色为主，宗教氛围浓重，受印度佛教、天主教、伊斯兰教等影响，色彩多浓重艳丽，常用少量金银之色做点缀。如此多的物质和文化装饰资源，必然容易造成空间设计上的杂乱，所以东南亚风格室内设计一般没有过于复杂的装饰线条，空间和家具造型简单整洁，材质的丰富和装饰的多样化弥补了空间直线条设计的不足。（图3-26至图3-28）

东南亚风格的优化设计体现在对空间流动性的处理上。由于湿热多雨，通风散热的缺点，功能设计要求平面尽量开敞流动，立面多用推拉隔断，空间线型穿插，室内空间以虚隔断为主，强调空间的交互性和与环境融合性。珠三角地区对东南亚设计风格的接受度教高，尤以简约东南亚风格家具和室内装饰最受欢迎。（图3-28）

图 3-23　热带阔叶植物图案是东南亚风格的典型特点

图 3-24　东南亚风格中的漆艺、雕塑、木工工艺和宗教要素

图 3-25　扁平的屋顶是东南亚建筑风格的特征

图 3-26　木结构的东南亚室内风格

图 3-27　直线条的东南亚室内风格

图 3-28　东方韵味的东南亚室内风格

4. 日式风格室内设计作品

日式风格又称为和式风格，典型的日式风格有强烈的中国唐代的风格特征。汉唐时期，日本派遣大量遣唐使到中国学习各种文化习俗、工艺技术等，奠定了日本传统文化的基础。同期唐朝传入日本的佛教文化开始发扬光大，并融入当地风俗习惯，演变出的以“淡雅节制、深邃宁静”为主要特征的禅宗文化，逐渐成为日本文化艺术的精髓。日式室内设计风格的简约、精致、淡雅等特征即由此而来。

图 3-29　日式枯山水景观

日式室内设计风格直接受到日本和式建筑的影响，注重空间的流动性设计，应用推拉门、屏风将空间进行分隔；流动则可成为一室，分隔则分几个不同的功能空间。禅宗文化对日本室内设计的影响深远，日式空间总能让人静静地思考，禅意无穷；如日式的枯山水，简约安静，却意向无穷，几个简单的石块、石米，让人联想到岛屿、大海。（图3-29）

传统的日式室内设计风格整体偏向简约。原木色等自然材质应用广泛，几乎很难看见豪华奢侈、金碧辉煌的装饰风格，甚至没有太多装饰，以清新淡雅、简约节制、宁静致远为主要意向，重视功能性设计。日式室内风格比较注重与室外空间的融合，善于应用借景，将室外自然空间引入室内，体现室内外空间的交流性，空间氛围自然、亲切、活跃、安静、舒适。（图3-30至图3-32）

图 3-30　日式风格室内装饰 1

5. 中式风格的室内设计作品

传统中式建筑大多为木式结构，不易保存，留存至今的只有几百年历史，多为明清时期建筑。因此，皇宫贵族、封建地主阶级、士族新贵的室内装饰风格基本上代表中式传统风格。明清之前的室内艺术风格只能通过文献、绘画和考古发现了解。

明清时期的室内装饰与园林建筑密不可分，当时一流的设计师大多是一些科举出身的文人雅士，具有深厚的文化底蕴，深受传统教育的影响。室内空间的装饰有较强的书卷气息，书房的设计成为中式室内空间的经典，文房四宝、书桌几案、屏风多宝阁等家具陈设也被现代设计师接纳采用。（图3-33）

图 3-31　日式风格室内装饰 2

中式传统室内空间的布局具有强烈的“礼制”特征，空间的等级、尊卑在室内空间有明显的反映。入口、玄关、天井、正房、偏房、过道、长辈房、主人房、小姐房、书房、柴房等功能空间有讲究的布局和使用，空间设计透出中国传统的人文气息和精神面貌。（图3-34、图3-35）

中式传统室内家具大多推崇明式家具，因为清代家具装饰繁琐，虽装饰华贵但略显笨重，做工、用料、装饰比较考究，价格昂贵，同时也失去了明式家具所透出的文气精神。明式家具大多用红木、花梨木等天然木材制作而成，榫卯结构，简约牢固、舒适美观、格调高雅，符合大众审美，如圈椅、官帽椅等至今还在使用。

图 3-32　日式庭院

现代中式风格的室内设计很少延续传统空间的布局，礼制文化减弱，仅保留传统家具的精致感和文化历史气息。此外，传统木结构在室内空间作为装饰形式而广泛使用，传统宫灯、国画、陶瓷、装饰图案等软装陈列要素，通过抽象、变形、简化、意境营造等手法应用到新中式室内空间设计中。（图3-36）

图 3-33　中式风格 1

图 3-34　中式风格 2

图 3-35　中式风格 3

图 3-36　中式风格 4

6. 现代简约风格室内设计作品

所谓现代室内设计本质上就是简约室内设计，应用现代化的装饰材料，抽象的装饰艺术形式，突出设计的功能性，追求适合现代人的生活方式，不以风格营造为主要目的。现代室内设计是生产力发展的必然选择，满足普通老百姓对空间艺术的营造需求，施工简单，不奢华浪费，简约实用，美观大方，是一种普惠性的设计风格，符合现代主流的审美价值观。（图3-37、图3-38）

图 3–37　现代简约风格 1 / 梁龙设计

图 3–38　现代简约风格 2 / 梁龙设计

现代简约设计包括简约欧式、简约中式等风格化设计，满足消费者对传统风格艺术的情怀，但简约化的设计如果处理不当，容易从简约设计变成简陋设计。如果设计师选择舍去风格，从空间的本质出发，现代设计应该从功能入手，在满足功能的前提下，赋予空间抽象的艺术美感。简单来说，可以从以下几个方面出发：

首先，功能化设计优先。充分了解空间的功能性需求，分析使用空间所产生的生活方式，包括人机工程学原理，尺度、比例、行为方式等，也要考虑人和人之间关系的和谐，满足现代人个性化的生活需求。另外要建立“一些不与功能结合的装饰都是无意义的”理念，尽可能地简化不必要的装饰细节，思考空间的本质，构建新的生活方式。

其次，注重材质和色彩的搭配。现代化的材质选择类型较多，但设计过程中材质的品种数量不能太多，材质定位要从质感、色彩、细节、视觉等几个方面入手，整体考虑空间材质的布局，通过材质的切割、对比、组合来营造空间美感。装饰性的色彩对空间设计至关重要，使用要谨慎，空间中的色彩尽量控制在一定的灰度范围内，追求雅致和谐，尽可能少用饱和度高的色彩，以避免对视觉生理产生紧张和压迫感。当然，过于沉闷的色彩，也需要少面积鲜亮的色彩点缀，会收到意想不到的效果。

再次，空间形式美感。现代简约设计尽量通过点、线、面、体的抽象布局来实现形式美感。对比是最重要的设计手法，通过不同的体量、形状、色彩等作对比，如方与圆、新与旧、大与小、黑与白、深与浅、粗与细等，在对比中寻找协调问题的办法，创造出平衡感、节奏感、协调感。以人的视角，考虑室内空间几个主要的构图，把室内空间当做具体的画面，追求画面的形式美感，包括构图、比例、对比、和谐、韵律等内容。

图 3-39 现代简约风格 3

图 3-40 现代简约风格 4

最后，陈设设计突出空间的个性。简约的现代设计容易给消费者造成不丰富的视觉感受，或者空间缺乏个性，这与消费者的审美品位和生活追求有关。设计师在这种情况下不能过于苛刻，要经过深思熟虑，不轻易改变室内硬装设计，不把设计做的太满。设计师一方面可以引导消费者理解设计，另一方面可以通过陈设设计弥补这方面的不足。现代简约设计不过于堆砌陈设陈列，应使其成为空间的点缀，成为空间设计要素的整体组成部分，即从整体设计上考虑陈设，“少而精”是重要的布局方法，陈设不能破坏空间的简约性，要起到画龙点睛的目的，突出空间艺术的个性，同时也弥补了简约风格的不足。（图3-39、图3-40）

第二节 室内设计大师作品欣赏

1. 季裕棠的作品：广州文华东方酒店室内设计

季裕棠，美籍华人，美国纽约季裕棠设计师事务所（Tonychi & Associates）的创办人，1984年创立了该设计公司。季裕棠设计的作品充满想象力，他具有跨文化的理解能力和全球眼光，将设计理念运用于全球的专门餐馆、豪华酒店、零售商店、健身会所以及其他商业机构的设计中。（图3-41）

图 3-41 季裕棠 Tonychi

季裕棠设计师事务所完成了大量顶级酒店设计作品，多年来获得无数的奖项。广州文华东方酒店是其团队设计的案例之一。

广州文华东方酒店位于广州市中心的太古汇之内，太古汇为一个占地358,000平方米的综合发展项目，集奢华购物、甲级写字大楼及文化中心于一体。文华东方酒店拥有广州城中最大的酒店标准客房，酒店客房、套房、酒店式服务公寓，一流宽敞的会议与宴会厅，传承了酒店品牌精致典雅的经典风格。酒店的设计由季裕棠设计师事务所操刀，糅合了传统东方元素和“新中国”的现代特色。（图3-42）

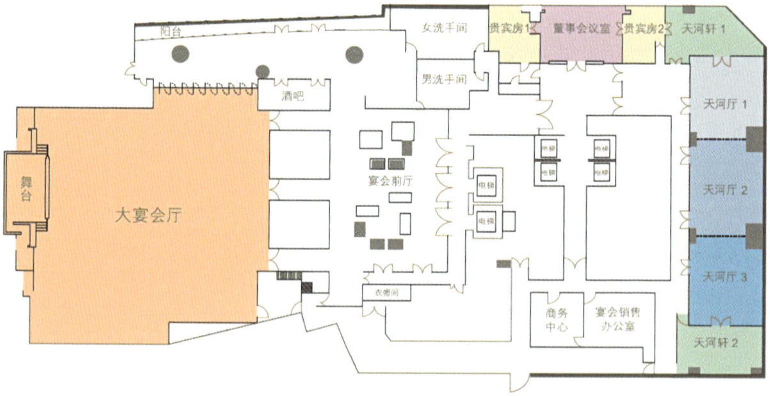

大宴会厅及天河厅

宴会厅	楼层	面积(平方米)	长(米)	宽(米)	楼高(米)	宴会	剧院式	课桌式	酒会	董事会	U型	半月	鱼骨
宴会大堂	1	295	23	12	3.8-7.8	-	-	-	250	-	-	-	-
大宴会厅	2M	710	29	24	7.8	450	668	393	668	120	279	282	360
天河厅	2M	223	28.5	7	5.5	100	154	102	134	72	-	66	72
天河厅 1	2M	67	8.5	7	5.5	30	40	24	40	14	18	24	24
天河厅 2	2M	79	10.5	7	5.5	40	60	42	60	20	24	30	30
天河厅 3	2M	77	9.5	7	5.5	30	40	24	40	14	18	24	24
天河厅 1+2	2M	146	19	7	5.5	70	118	78	108	56	-	48	84
天河厅 2+3	2M	156	20	7	5.5	70	118	78	108	56	-	48	84
董事会议室	2M	60	8	6	5.5	20	36	18	36	20	15	12	18

图 3-42 会议楼层平面图和宴会厅容量图

酒店入口设计以垂直块面分割空间，墙面和屏风使用厚重的深褐色实木板装饰，低调高雅；入口门窗“九宫格式”垂直分割，严谨有序；天花灯光则以轻巧的点光源布局，并排列成矩形阵列，与直线条风格相吻合。整体造型点、线、面秩序严谨，罗汉松的陈设设计故意喷涂成白色，目的是形成要素对比，色彩黑和白的对比，也是造型上的对比，活跃了整体空间氛围。（图3-43、图3-44）

图 3-43　酒店入口（外部）

图 3-44　酒店入口（内部）

图 3-45　酒店客房

酒店客房有明显的东方韵味，干净、整齐、层次感强。墙面门窗的框架，工艺品的陈设架，连同画框样式，都是黑色线条结构，浓重而醒目，有传统东方木架结构的形式感。室内深色的地毯、木纹、皮革、浅灰色的墙纸、白色的吊顶，从下往上，黑、灰、白色彩空间层次清晰，色调布局独具特色。（图3-45）

设计师要把控项目整体的风格定位，了解客户的消费愿景。首先空间设计要有格调品位，不应盲目复古、抄袭，设计师要有自己的理解，通过抽象的形式表现出来。其次，住宿环境要干净舒适，要通过床单、地板、墙纸等材料综合表达。再次，设计师要尽量缩短空间和人之间的距离，努力营造空间的亲和力，让紧张的工作压力放松下来。

由季裕棠设计师事务所设计完成的广州文华东方酒店，把现代奢华的生活方式、审美品位与中国文化意向结合起来，应用设计语言很好地诠释了顶级酒店的空间艺术魅力。整体空间的设计比较硬朗，尤其是直线条和块面材质的应用，大的格调比较清晰；另外，融入灯光点的矩阵排列，圆形、曲线的对比将空间的氛围很好地活跃起来，设计构成语言应用娴熟，空间视觉丰富、饱满。设计师精确把握了视觉心理，“轻巧流畅”的造型设计把酒店大宴会厅的活泼热闹的空间氛围营造出来，符合中国式宴会厅应该有的感觉，“厚重静穆”的造型设计把酒店董事会议厅凝重严肃的空间意向表达出来，体现对酒店上层管理者身份的理解和尊重。在表现酒店水疗中心时，情侣水疗区融入了传统东南亚风格的要素，水疗休息区集中抽象出东方现代风格的意境，这样设计定位，既能满足了消费者对空间概念的认可，又提升了空间艺术的品位。（图3-46至图3-53）

图 3-46 酒店前厅

图 3-47 酒店宴会前厅

图 3-48 酒店宴会大堂

图 3-49 酒店大宴会厅

图 3-50 酒店天河厅

图 3-51 酒店东方会

图 3-52 酒店董事会议厅

图 3-53 酒店水疗中心

（以上文华东方酒店的全部图片来源于墨尔本摄影师 George Apostolidis ）

2. 梁志天的餐饮空间作品：稻菊餐厅、“蝶1903”主题餐厅室内设计

梁志天，国际著名室内设计师，以现代风格见称，善于将亚洲文化和艺术元素融入设计。于1997年成立梁志天建筑师有限公司Steve Leung Architects Ltd.（SLA）及梁志天设计师有限公司Steve Leung Designers Ltd.（SLD）。（图3-54）

图 3-54　梁志天

梁志天具有建筑学和城市规划学背景，“严谨、硬朗、简约、明快、干净”的设计是其长期坚守的方向，被称为现代简约设计之父。梁志天的室内、家具、建筑、规划设计一脉相承，都是简约风格。在梁志天看来，项目设计的概念定位是非常重要的环节，要充分理解空间设计的本质才能进行下一步工作。从其设计作品中，能看见后现代主义与巴洛克表现艺术的结合，空间风格简约、精致、典雅、文气。简单来说，空间干净素雅有品位，造型简约而不简陋，细节中蕴含文化内涵。

《稻菊餐厅》是梁志天的代表作品，该设计展现了现代东方美学艺术，并获选为美国 “稻菊”餐厅 HospitalityDesignAwards2007“高级餐厅组别”的入围作品。“稻菊”是日本知名的百年天妇罗料理店，于香港四季酒店四楼的开设分店。设计师考量四季酒店及其位处的中环区是商务人士聚集地区，设计参酌三百多年前的江户文化，以当时鼎盛贸易所形成的多元文化为蓝本，呼应国际商旅的宏观视野。同时，采用现代摩登铺陈空间个性，提供商旅人士一处写意的用餐环境，以期能跳脱传统日式料理餐厅偏爱古典和风的设计窠臼。该设计以咖啡、黑和金色作为餐厅的主色调，搭配精心布置的艺术品、充满戏剧感的灯光效果及线条明快的家具，令充满现代感的空间溢出无限禅意，并以空间述说了一个见证时代变迁的历史故事，为客人呈献雅致的东瀛美食空间。（图3-55至图3-57）

图 3-55　香港四季天地《稻菊餐厅》1

图 3-56　香港四季天地《稻菊餐厅》2

图 3-57　香港四季天地《稻菊餐厅》3
（图片来源 http://www.rghk.com.hk）

《蝶1903》也是梁志天的重要作品。走进这家以蝶为主题的餐厅，地毯上、餐椅上、墙壁上、水晶吊灯里甚至菜单上都能看到无数美丽蝴蝶的身影，尤其是光影的处理，突出了蝴蝶这个主体形象。

《蝶1903》的室内设计元素感非常强，蝴蝶的图案随处可见，墙面上的玻璃纸、吊顶的装饰图案、吊灯的镂空装饰、门的五金把手、地毯的造型等，全是蝴蝶的图案造型，主题性非常明显。对方案先不做评价，但初学室内设计的同学可以借鉴该设计手法。（图3-58至图3-65）

除了室内设计师，梁志天还是家具、建筑和规划方面的设计师，善于把控从建筑、空间规划、家具、室内装饰的每一个环节。梁志天的室内作品力求简约风格，和文化、个性、生活融合在一起，尤其是住宅设计项目最具代表性。可以从以下几个角度去理解：首先，简约符合现代的生活方式，但设计不能成为功能化的奴隶，要高于生活；其次，简约符合潮流化趋势，简约总是耐看，经得起时间的考验，不容易过时；再次，简约的东西造价相对低廉，老百姓消费得起，养护成本也低；最后，简约就必须去除繁杂，造型和细节比较考究，审美上干净利落，让人性情舒畅。

图 3-58　《蝶 1903》的入口及外观

图 3-59 《蝶 1903》的局部展示 1

图 3-60 《蝶 1903》的局部展示 2

图 3-61 《蝶 1903》的公共餐区

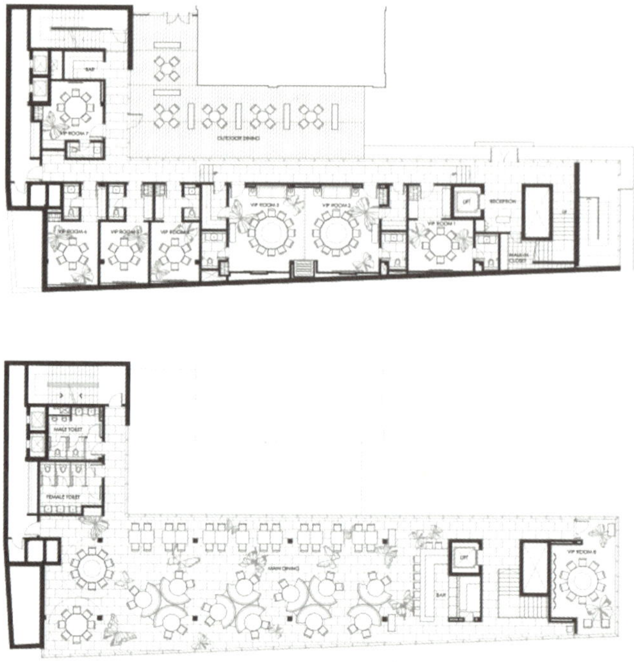

图 3-62 《蝶 1903》的平面图

第二节 室内设计大师作品欣赏

图 3-63 《蝶 1903》的建筑外观

图 3-64 《蝶 1903》室内空间效果 1

图 3-65 《蝶 1903》室内空间效果 2

3. 卢志荣的作品《世界诗词方舟》与“木易水絮”私人住宅

作为2015“世界出色华人设计师”得奖人，卢志荣的创作涵盖了建筑、雕塑、室内与家具设计等领域，他一直因对理念的净化、诗意的诠释、细节的关注而备受意大利及国际设计界推崇。2015 年，卢志荣创建“一方”，本着“以诗为用，以用为诗”的中心思维，融合古今智慧与感悟，以物品的创作重申永恒、简练和实质之道。（图3-66）

图 3-66 卢志荣

（1）卢志荣的设计作品——“世界诗词方舟”建筑室内设计

“世界诗词方舟”融会了建筑、室内设计、家具与灯饰等器物，借此启示和造就方舟所提倡的愿望和精神。（图3-67、图3-68）

图 3-67 卢志荣的作品《世界诗词方舟》1

图 3-68 卢志荣的作品《世界诗词方舟》2

方舟前方的船艏宽广开明，室外空间，可以促进户外活动和交流；室内则保存着一万册最具代表性的文学作品。它的理念反映了我们关注当今人类状况的最新努力，以正能量的冲击为下一代创造更美好未来的迫切需求。（图3-69）

一个好的设计作品往往有丰富的文化内涵。这个方舟的核心使命就是转战争为和平，并为人类植下爱的根苗。

一所理想的居屋，和一所书籍最终的归宿，正是这个双孪共生的方舟代表着生活与文化的融合。它们相互关联，在其密不可分的基础上，意识的本能和正直的思想能茁壮成长。方舟内，远景之倒影、近水的安谧；永恒之光往下蔓延，思想的光芒引领我们得以升华；正是这种内外的相互作用、萃取前人之智慧与现代生活的感悟，启发我们以优雅自持、重拾信心、以从容自若之姿，翘首未来。

图 3-69　卢志荣的作品《世界诗词方舟》3

（2）卢志荣的设计作品——“木昜水絜”私人住宅

“……谈到设计，我没有太多的秘密，也没有什么可隐藏的。只是无论他们是圆是方、软或硬，在我所有的雕塑、建筑、家具和物件设计中，它们必须是内敛而安静的……”

“……去拜访工匠，观察他们如何工作，理解他们的苦与乐，设计并没有什么了不起，只不过是制作的一部分，而是想法、物质和工艺的互相碰撞所不断带来的重新定义”。

卢志荣的住宅设计作品“木昜水絜”，延续了其设计上一贯追求的精神主旨，通过视觉让人反思生活中的实际问题，例如我们如何生活、工作、清洁和睡眠，木材该如何切割以避免弯曲变形、金属该以何种方式嵌入木材以起到保护作用等，他让设计回归到生活本身，思考生活中的器物与工艺之间的关系。这样，设计的空间和物件将会更真实地反映我们文化的内在灵魂，富有耐心、克己守礼、宁静平和，我们将了解如何更好、更简单、更幸福地生活。

卢志荣认为生活设计得太多会产生视觉污染，对文化也是有害的甚至是危险的。比如清代家具装饰的浮华，代表一个时代审美品位的庸俗化，反映时代的精神面貌，没落而颓废。高雅和品位与“诗意、永恒、经久不息”等概念息息相关，我们要追求经典而不是去附庸古典，现代不只代表流行。设计应去掉太多不必要的小玩意，即不必要的装饰、无价值的装饰。设计应该有所保留，带有含蓄，不断改进，在缓慢的设计进化过程中，慢慢向前踏实地前进。（图3-70、图3-71）

图 3–70 “木昜水絜”私人住宅 1

图 3–71 “木昜水絜”私人住宅 2

4. 梁景华的商业空间作品：桂林临桂福朋喜来登酒店

梁景华，加拿大籍华人，国际著名设计师PAL设计事务所创立者、香港室内设计师协会副会长。1994创办P A L设计事务所有限公司。他的作品获得多达百多项国际奖项，当中最高的荣耀是获世界权威的国际室内设计师联盟颁发IFI卓越设计大奖的“全球最佳室内设计”大奖。1987 年梁景华被邀加入 P&T Architects & Engineers Ltd. 巴马丹拿建筑事务所，成为高级总室内设计师，负责成立室内设计部门。梁先生直接管理和设计多项大型工程，代表作如渣打银行亚洲总部整座大厦室内设计、香港电话公司机楼、北京亮马河饭店及商场、印度尼西亚国家BNI银行及会议中心、北京天伦皇朝饭店、南京中心大饭店等。（图3-72）

图 3-72 梁景华

梁景华的室内设计作品追求永恒、创意、简约精巧，融合东西方文化之精华，创造出和谐、舒适和不受时空限制的空间，务求优化生活环境，改善生活品质。“Simple is the best”（简单就是最好的）是其重要的设计思想，在梁景华的室内作品中，很少出现装饰、奢华的内容，从其对简约、比例的追求，以及作品中透出的宁静、永恒，可以看出他是一个完美主义者。（图3-73至图3-75）

桂林临桂福朋喜来登酒店不仅是一家商务酒店，而且拥有舒适豪华的内饰。梁景华将中国传统文化以活泼的形式融入到当代设计中。设计要素尊重了当地的特色手工艺，由于桂林这个地区被誉为具有丰富多彩的民族和文化遗产，并以其独特的地域风貌成为全世界的旅游胜地，这些地域特征在酒店的装饰设计中得以充分体现。在此环境空间设计中，装饰图案借鉴了传统剪纸工艺，图案刻画精细、体量巨大，使传统装饰具有了现代感。

主餐厅将中国传统元素引入另一个层次，瞩目的鲤鱼形象在其壮观的金色天花板下方呈现出优雅的白色曲线。通过大厅到餐厅天花板上的标志性卷须照明，整个内部的动态氛围被激发，同时确保公共和私人空间之间的流体过渡；在天花板和走廊上点缀着引人注目的照明条纹的选择进一步令人愉快，引导客人在路径上有节奏的脉动。

图 3-73 室内设计作品 1

图 3-74 室内设计作品 2

图 3-75　室内设计作品 3

另外，此设计案例在材质和色彩上都有精彩的表现。尤其是各种材质的对比，如抛光的光泽、大理石的坚固、天鹅绒般的墙面软包等材质搭配精美。虽然红褐色主导了中国传统空间设计风格的基本色调，但是设计团队针对项目本身做出调整，因为传统的色彩可能不适合悠闲的假期。对其他充满活力的色彩的关注反而完美地融合在一个富有想象力的环境空间中，如石灰绿，红色和埃及蓝色，色彩活泼却没有混乱，整体气氛呈现出温暖的氛围，让客人享受难忘的休闲生活。

线的设计在空间中非常重要，由于空间设计大多以块、面的形式出现，线在空间中就会非常突出，对比性强。优秀的设计师善于应用线，在这个案例中，吊顶中的曲线灯线成为了导向设计因素；剪纸艺术通过线在面上的镂空来表现，另有一番味道；墙面设计用直线条铺满装饰，再用圆弧线点缀，形成冲突，以达到丰富而活泼的目的；游泳池吊顶上流动的曲线象征着水的流动，地面祥云的线性图案，又让人觉得贵气、丰富、饱满。（图3-76至图3-80）

图 3-76　桂林临桂福朋喜来登酒店 1

图 3-77　桂林临桂福朋喜来登酒店 2

图 3-78　桂林临桂福朋喜来登酒店 3

图 3-79　桂林临桂福朋喜来登酒店 4

图 3-80　桂林临桂福朋喜来登酒店 5

5. 凯莉 · 赫本的陈设设计作品

凯莉 · 赫本，英国著名设计师，17岁时，凯丽 · 赫本以自己的名字开设了室内设计公司，设计很多住宅及很多商业场所，包括航空公司头等舱等，以冷静、简洁、优雅并富有创意的设计闻名于世。凯莉 · 赫本的室内作品偏向人性化设计，注重空间的舒适性和视觉心理，善于在设计作品中应用不同的文化。（图3-81）

图 3-81　凯利在伦敦的工作室 / 摄影 Stan Thompson

从凯利设计作品中可以看出一定的品位，整齐而简约的陈列，并在设计中常使用灰褐色，因为灰褐色的任何色调是其最喜欢的颜色。

凯莉 · 赫本的设计作品干净明快，有明显的设计个性，在软装、色彩、材质上有非常个性化的追求。设计师对某些东西产生了偏爱，意味着其在某些方面的设计尝试中，积累了很多重要的经验，并获得客户的认可，若反复应用这个偏爱的东西，以设计符号、设计语言的方式融入到作品中，个人风格也就形成了。（图3-82至图3-92）

图 3-82　室内设计作品 1

图 3–83　室内设计作品 2

图 3–84　室内设计作品 3

图 3–85　室内设计作品 4

图 3–86 室内陈设配饰设计

图 3–87 伦敦 Bennett 住宅设计 1

图 3–88 伦敦 Bennett 住宅设计 2

图 3–89 伦敦 Bennett 住宅设计 3

图 3–90 伦敦 Bennett 住宅设计 4

图 3-91　伦敦 Bennett 住宅设计 5

图 3-92　凯利与她的陈设设计

6. 菲利浦 · 斯塔克的家具设计作品

菲利普 · 斯塔克，法国著名设计师，也是世界上最负盛名的设计师。他认为自己是“一位日本建筑师，美国的艺术总监，德国工业设计师，法国艺术总监，意大利家具设计师”。他的作品跨界多个行业，尤其是他的产品设计充满了思想性、幽默感。斯塔克几乎囊括了所有国际性设计奖项，包括红点设计奖、IF设计奖、哈佛卓越设计奖，被称为天才设计师。斯塔克于1980年接受了密特朗总统的爱丽舍宫的改建工程，并于1984年完成巴黎Costes餐厅的室内设计，这两项设计为其带来了全球性声誉。他涉猎甚广，且都能赋予其有力的雕塑感与揶揄式的视觉戏剧效果。他不仅仅是一个出色的设计师，还是这个时代设计师的一个标志。（图3-93、图3-94）

斯塔克设计的“八爪鱼榨汁机”实在是不怎么好用，但它却是非常有名的产品设计，很多设计师喜欢收藏一个放在厨房或客厅，却从来不去真正用它。因为它的外观非常可爱、好玩、幽默，人们会原谅它实用性的不足。我们会看到很多这样的案例，不是很好用的产品、家具，不是很实用的空间设计作品，却非常受欢迎。我们需要反思的是，在实用艺术和艺术上需要一种平衡，生活中百分之

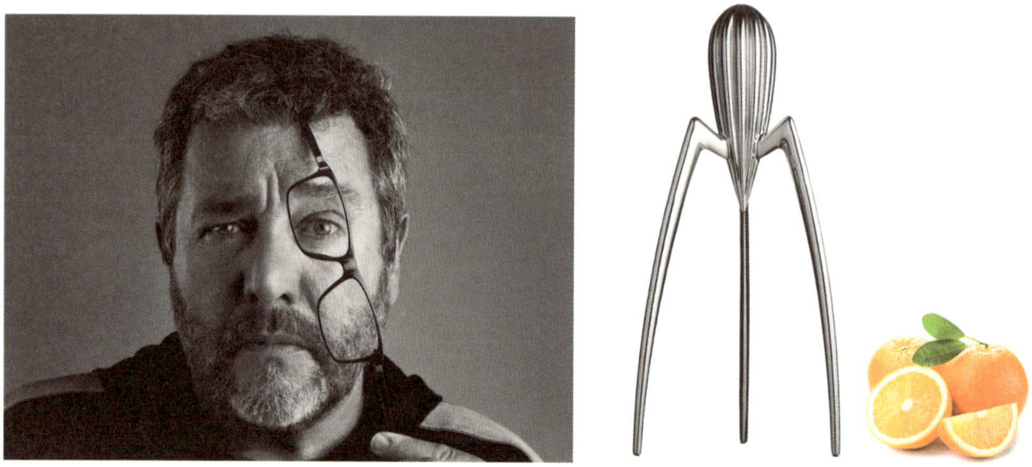

图 3-93　菲利普 · 斯塔克与他的榨汁机

图 3-94 菲利普·斯塔克的室内设计作品

九十以上的产品都以实用为导向，但不能抹杀人们对于趣味、夸张、艺术、哲学上的追求，也就是说，在满足人们物质功能的基础上，精神需求是设计师不能忽视的重要因素，斯塔克就是这样一位成功的设计师。

史塔克是一名副其实的鬼才设计师，也是非常杰出的跨界设计师，无论是大家津津乐道的榨汁器，天生喜感的幽默言谈、还是狂妄的自信态度，都让这位极具明星魅力的设计师，集所有媒体目光于一身。菲利普·史塔克也是一位亲民的设计师，从充气家具设计开始，他一直在探索便宜家具的设计创新。 他还是一名充满幽默与童趣的设计师，如外星人榨汁机、手枪造型的Gun Lamp灯饰、以及充满奇想的Louis Ghost塑料椅等。（图3-95至图3-96）

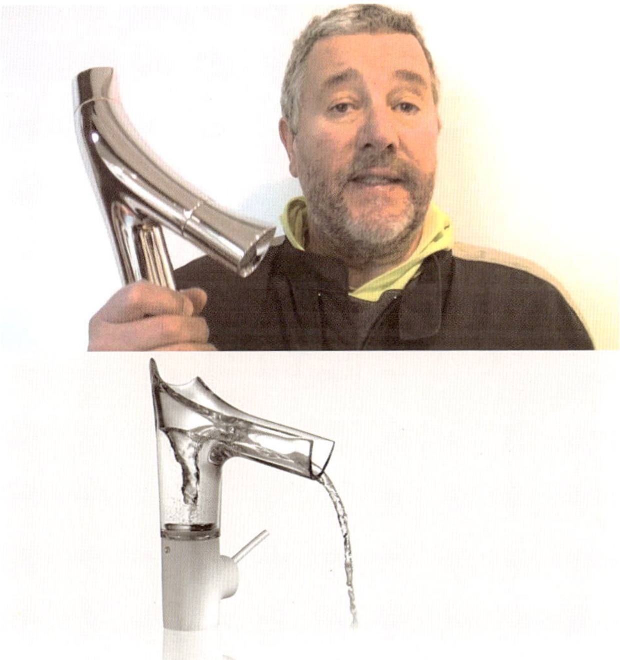

图 3-95 水龙头

菲利普·史塔克的设计作品横跨了产品设计、工业设计以及空间设计、建筑设计，如牙刷、苍蝇拍、鼠标、鞋子、桌椅、灯具、水龙头、火车、游艇等。在室内设计方面，涉及酒吧、咖啡厅、饭店、建筑等。他的设计几乎看不到浮夸的装饰，简洁、鲜明、颠覆、独特、充满乐趣。他的骨子里面保留了法国时尚与机能并重的灵魂，这也是其作品充满吸引力的原因之一。

图 3–96　手枪造型的灯饰

图 3–97　路易幽灵塑料椅（Louis Ghost）

图 3–98　5 美元的塑料椅

图 3–99　菲利普·斯塔克设计的椅子

参考文献

[1] 西蒙 · 多兹沃思 . 室内设计基础 [M]. 北京 . 中国建筑工业出版社，2011.

[2] 约翰 · 派尔 . 世界室内设计史 [M]. 北京 : 中国建筑工业出版社 , 2007.

[3] 张绮曼 . 环境艺术设计与理论 [M]. 北京 : 中国建筑工业出版社 , 1996

[4] 郑曙旸．室内设计思维与方法 [M]. 北京：中国建筑工业出版社，2003.

[5] 张绮曼、郑曙旸主编．室内设计资料集 [M]. 北京：中国建筑工业出版社，1991.

[6] 谭仁萍 . 生活方式与室内设计关系的研究 [D]. 中南林业科技大学 2009

[7] 张青萍主编 . 室内环境设计 [M]. 中国林业出版社， 2003

[8] 江滨 . 环境艺术设计教学新模型及教学控制体系研究 [D]. 中国美术学院 2009

[9] 李林 . 智慧城市建设思路与规划 [M]．南京 . 东南大学出版社，2012

[10] 木村博之．设计的逻辑 [M]．台北：旗标出版股份公司，2012.

[11] 董鉴泓．中国城市建设史 [M]．北京：中国建筑工业出版社，2004.

[12] 简 · 雅各布斯．美国大城市的死与生 [M]．北京：译林出版社，2005.

[13] 吴良镛 . 匠人营国 : 人居科学理论与实践的探索——对“吴良镛 · 清华大学人居科学展”的解说辞 [J]. 世界建筑 . 2014.

[14] 吴良镛 . 人生理想于诗意栖居——吴良镛谈理想人居环境 [J]．居业 . 2013(09).

[15] 陆震纬 . 室内设计 [M]. 成都：四川科学技术出版社，1987.

[16] 俞孔坚 . 大脚革命——生态城市与美丽中国 [J]．建筑技艺 . 2015(02).

[17] 王晖 . 住宅室内设计 [M]. 上海：上海人民美术出版社 . 2011.

[18] 易敏 . 住宅室内设计 [M]. 上海：上海人民美术出版社 . 2017.

[19] 钱缨 . 室内设计程序 [M]. 上海：上海人民美术出版社 . 2017.

[20] 冯乔 . 环艺设计 [M]. 北京：人民美术出版社 . 2008.

[21] 冯乔、王晖 . 广州集合住宅小户型室内空间适应性研究 [J]. 城市建筑 . 2014.

后记

POSTSCRIPT

笔者曾经编著过几本《室内陈设设计》与《室内软装设计》，深知从实践中得到的知识更可靠，只有丰富的实践经验，加上长期的教学经验，才能写出一本受欢迎的教材。笔者除了参与课程教学、教学管理，还利用课余时间，积极组织师生参加项目设计实践，其目的也是为了检验我们的教学是否可靠，反思教学改革应该朝着什么方向前进。“行业、学业、就业”从来都是不可分割的一个整体，笔者从行业实践中来，到教学学业中去，同时也希望一届又一届的学生更好地高质量就业或创业。本教材《室内设计概论》就是一本能够将“行业、学业、就业”全部串联起来并最具效能的基础性教材，饱含着对学生的关怀和深情。

由于时间关系，本教材的编写难免有些仓促，考虑的问题还不够周到、细致。例如对大量作品的剖析原本可以更加清楚，专业理论有很多可以延续的内容，由于受到篇幅的限制，并未一一罗列。如果有机会，会在再版中理论的补充将以知识点或备注的形式出现，作品的剖析也将更加清楚。在本书编写的过程中出现的错误，希望读者批评指正。

在本书完成之际，我首先要感谢的是无偿提供大量案例的老师与设计师们：李泰山、么冰儒、吴宗敏、钟志军、杨思宇等老师，广东省陈设艺术协会的谢英凯会长、上海西野设计林中涌等为本书提供了非常好的案例，还有我的学生们林超常、梁龙、叶谢琴、李其乐、朱瑾文等，感激！

另外书中一些案例的设计者联系不到，在这里也致以诚挚的谢意！对本书撰写中给予支持的其他同仁，在此一并致谢！

乔国玲